青海省草地生态监测方法及植物识别

QINGHAISHENG
CAODI SHENGTAI JIANCE FANGFA
JI ZHIWU SHIBIE

聂学敏　芦光新　范月君　主编

赵得萍　翁 华　副主编

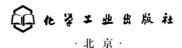

化学工业出版社

·北京·

本书收集整理了青海省草地生态监测常见植物二百多种，介绍了草地生态监测工作的主要技术、方法，旨在为科学、高效开展生态本底调查、草地健康评价、草地生态监测及植被种类识别提供基础资料。

本书可供草业科学、生态学、植物资源学、环境生态学等领域的科研人员和相关专业人员参考使用。

图书在版编目（CIP）数据

青海省草地生态监测方法及植物识别 / 聂学敏，芦光新，范月君主编 . —北京：化学工业出版社，2019.4

ISBN 978-7-122-33912-6

Ⅰ.①青… Ⅱ.①聂… ②芦… ③范… Ⅲ.①草地—生态系统—环境监测—青海②草地植被—识别—青海

Ⅳ.① S812.29 ② Q948.15

中国版本图书馆 CIP 数据核字（2019）第 029704 号

责任编辑：王湘民　　　　　　　装帧设计：韩　飞
责任校对：王　静

出版发行：化学工业出版社（北京市东城区青年湖南街 13 号　邮政编码 100011）
印　　装：北京缤索印刷有限公司
889mm×1194mm　1/32　印张 7¼　字数 198 千字　2019 年 6 月北京第 1 版第 1 次印刷

购书咨询：010-64518888　　　　售后服务：010-64518899
网　　址：http://www.cip.com.cn
凡购买本书，如有缺损质量问题，本社销售中心负责调换。

定　　价：98.00 元

人员分工

总 策 划	王　勇
技术指导	葛劲松　李　飞
执行人员	聂学敏　芦光新　范月君　畅喜云　赵得萍
	翁　华　周华坤　李志强　鲁子豫　郭晓娟
	祁佳丽　唐文家　李建莹　宋国富　杨路存
	朱永卿　张妹婷　张志军　张紫萍　张　莉
	马桂珍　邹　薇　汪香兰

协作单位

青海省生态环境遥感监测中心

青海大学

青海畜牧兽医职业技术学院

中国科学院西北高原生物研究所

青海省寒区恢复生态学重点实验室

　　青藏高原独特的地理环境和气候特征，造就了全球高海拔地区独一无二的大面积湿地生态系统，孕育了高原独特的生物资源，其基础性生态效益将直接维系国家的生态安全和未来的发展。因此，被誉为对全国及全球大气、水量循环影响最大的生态调节区，是珍贵的高寒生物自然种质资源和高原基因库。随着全球气候变暖，青藏高原目前正在发生的环境变化逐渐成为全球关注的焦点，为研究全球气候变化对植被影响提供了理想的区域。

　　草原植物作为草原构成的最基础要素，对其进行准确识别并分类是了解草原植被种群变化和环境变迁的重要途径，草地植物种类识别是草地生态监测工作中一项最基本的技能，是开展草地生态监测工作的基础；同时，草地植被被认为是反映草地生态环境的敏感标志。草地植被生长、草地生态质量状况及产草量、载畜能力和草畜是否平衡等都是各级政府和各地草原工作者十分关注的问题。自2005年以来，随着"青海三江源自然保护区生态保护和建设工程""青海三江源生态保护和建设二期工程"的实施，以及2016年4月中共中央办公厅、国务院办公厅正式印发《三江源国家公园体制试点方案》，三江源区草地生态监测在工作整体中的地位和作用越发显得重要。因此，开展三江源区草地生态监测及生态系统本底调查也成了现阶段重要的课题。

　　本书在参考多种植被图谱及植物志等基础资料的基

础上，通过课题组近十年来在青海省草地生态野外监测工作的积累，收集整理了青海省草地生态监测常见植物260余种；同时，将草地生态监测工作主要技术方法等植入其中，旨在为科学、高效开展生态本底调查和草地健康评价等提供基础资料。感谢国家自然科学基金项目（31860103，31460152）、青海省生态环境地面监测——青海三江源区草地生态系统监测项目，青海省应用基础项目（2016-ZJ-726）、青海省创新平台建设专项（2017-ZJ-Y20）、三江源生态监测与评估关键技术与示范（2013-N-534）、青海省"高端创新人才千人计划"和青海省高校"135高层次人才培养工程"的支持，"青海大学教学名师培育计划""青海省高等学校省级骨干教师培育项目"的资助。

本书所涉研究工作得到了青海省生态环境遥感监测中心的大力支持，感谢田俊量高级工程师、孙海群教授、王立亚研究员、李飞高级工程师等多位专家的指导和支持。同时也感谢文中参考资料所涉及的各位同行专家，是您们的学术成果让本课题研究更加充实。对于这些专家艰辛的劳动付出和无私的科学奉献精神，在此表示最崇高的敬意和最衷心的感谢！

鉴于草地生态系统植物多样性，还有许多植物未收录进本书，仍然需要更多科学家认真细致地积累挖掘，以臻完善。因课题组成员水平有限，许多观点和论述的不足难以避免。真诚希望各位专家和学者不吝赐教，恳请各位读者批评指正！

课题组
2019年1月

目　录

❖ 第一章 ❖
青海省草地资源

一、天然草场的总量与特征

（一）天然草场的总量

青海省是中国五大牧区之一。全省天然草场面积为3645万公顷。其中可利用草场面积3160万公顷，占草场总面积的86.7％。冬春草场面积为1586.37万公顷，夏秋草场面积为1574.6万公顷，分别占可利用草场总面积的50.2％和49.8％。青海省的天然草场面积占全国草场面积的十分之一，居全国第4位。按照全国统一分类系统，青海省草场分为9类，7个亚类，28个草场组，173个草场型。常见的植物有1616种，其中有饲用价值的1184种。全省草场平均每公顷产鲜草2533.2千克，总产量为796亿千克，平均0.9公顷草场养1只羊。

（二）天然草场的特征

1.草场类型以高寒草甸为主体

全省天然草场面积大，分布广，所处自然条件差异显著。因此，草场类型丰富多样。有山地干草原、高寒干草原、山地草甸，也有高寒草甸、山地、平原、荒漠、高寒荒漠，潮湿的沼泽化草甸，湿润的灌丛、疏林等。高寒草甸面积为2400万公顷，占全省草地面积的65.8％，构成了全省草场的主体。

2. 豆科牧草比重小，莎草、禾草占优势

豆科牧草蛋白含量高，是优良牧草。全省豆科牧草约64种，仅占草地植物种数的4.6％。主要有黄芪、棘豆、锦鸡儿等，大部分有毒、有刺。可食豆科的牧草大多植株低矮或匍匐生长，牲畜难以采食，利用率低。莎草科、禾本科牧草适合青海省寒冷的气候条件，生长发育良好。据统计，全省173个草场型中，以莎草、禾草为优势种或在草本层中占优势的草场型有111个，占草场型总数的64.16％。草场面积为3300万公顷，占全省草场面积的90.5％。

3. 牧草营养丰富，具有"三高、一低"的特点

"三高、一低"即粗蛋白质、粗脂肪、无氮浸出物含量高，粗纤维含量低。据分析，禾本科牧草粗蛋白质含量10.86％（干物质，下同），莎草科、豆科、菊科、蓼科、蔷薇科牧草粗蛋白质含量都在13％以上；粗脂肪含量除了蓼科1.98％外，其他各科都在2％以上；无氮浸出物除了藜科39.62％外，其他各科都在40％以上；粗纤维含量均在35％以下。

4. 草群低矮，草场耐牧性强

天然草场的牧草因受低温、强辐射等自然条件的影响，普遍低矮。除了少数牧草如披碱草、芨芨草等稍高外，绝大部分牧草都在20～30厘米。占全省草场面积31％的高山嵩草，高度仅2～5厘米，草群低矮，难以打草贮存。在天然草地中，以莎草科牧草为优势种的草地，牧草根系发达，交错盘结，形成10～20厘米厚的草皮层，草皮富有弹性，耐践踏，是理想的放牧地。

5. 草场生产力地区差异大

青海地域辽阔，各地自然条件有明显的差异。草场类型、牧草高度、覆盖度等也不相同；草场生产力高低悬殊。黄南藏族自治州

（以下简称黄南）平均亩产鲜草301.08千克，居全省各地之首。海西蒙古族藏族自治州（以下简称海西）平均亩产鲜草91.45千克，单位面积产量最低。从草场型以垂穗披碱草草场型产量最高，平均亩产鲜草438.39千克。波伐早熟禾十线叶嵩草草场型产量最低，平均亩产鲜草27.27千克，前者是后者的16倍。

二、天然草场的类型与分布

天然草场主要类型有温性草甸草原类、温性草原类、温性荒漠草原类、高寒草甸草原类、高寒草原类、温性荒漠类、高寒荒漠类、低地草甸类、山地草甸类、高寒草甸类等。

（一）温性草甸草原类

温性草甸草原类是在温带半湿润、半干旱的气候条件下，由中旱生多年生丛生禾草、根茎禾草和中旱生、中生杂类草组成，并混生中旱生灌木的草地类型。土壤主要为山地暗栗钙土。

主要分布于东部农业区，草地面积0.15万公顷，其中可利用草场面积0.12万公顷，占青海省可利用草场面积的0.0038%。该类草地植物种类组成较为丰富，每平方米有种子植物20余种，草层高度30～40厘米，植被覆盖度60%～70%。

（二）温性草原类

温性草原类草地是在温带半干旱气候条件下形成的，以典型旱生的多年生丛生禾草占绝对优势地位的一类草地。

主要分布在祁连山山地、共和盆地、青海湖盆地周围和柴达木盆地的边缘地带，海拔1750～3200米。草场面积211.79万公顷，可利用草场面积187.44万公顷，占青海省可利用草场面积的5.93%。植被覆盖度30%～65%，草层高度15～50厘米。

温性草原类可分为平原丘陵草原亚类和山地草原亚类。

（三）温性荒漠草原类

温性荒漠草原类发育于温带干旱地区，由多年生旱生丛生矮禾草为主，并有一定数量旱生、强旱生小半灌木、灌木参与组成的草地类型，是温性草原与温性荒漠类之间的过渡草地类型，分布区年均气温2～5℃，年均降雨量150～250毫米。

在青海环湖东部的黄土高原地区，分布于海拔1750～3500米的石质低山丘陵区，草场面积53.55万公顷，可利用草场面积51.14万公顷，占全省可利用草场面积的1.62%。草层高度15～30厘米，覆盖度25%～40%，种类组成相对较丰富，每平方米有植物10～20种。

主要草地型：短花针茅草地型，隶属山地荒漠草原亚类。

（四）高寒草甸草原类

高寒草甸草原类是高山亚寒带、寒带、半湿润、半干旱地区的地带性草地，由耐寒的多年生旱中生或中旱生草本植物为优势种组成的草地类型。分布区年均气温−4～0℃，1月份平均气温−15～−10℃，7月份平均气温5～10℃，年降雨量300～400毫米；土壤为亚高山草原土。

该草地分布于青南高原中部，海拔3600～4200米的滩地及阶地上，为高寒草甸类与高寒草原类的过渡地带。草场面积4.01万公顷，可利用草场面积3.81万公顷，占全省可利用草场面积的0.12%。草层高度15～25厘米，覆盖度30%～50%。该类草地植物组成较丰富，伴生种数量多。

（五）高寒草原类

高寒草原类是在高山和青藏高原寒冷干旱的气候条件下，由抗旱耐寒的多年生草本植物或小半灌木为主所组成的高寒草地类型。高寒草原气候干寒，年均气温−4.4～0℃，1月份的气温可达−40℃，7月份的气温为23.3℃，年降雨量100～300毫米，年蒸发量2000毫米；土壤为亚高山草原土。

主要分布于青南高原中、西部，昆仑山内部山地及祁连山高山带，海拔3400～4500米。草场面积582.01万公顷，可利用草场面积504.87万公顷，占全省可利用草场面积的15.98%。

高寒草原类草地植物组成简单，每平方米有植物10～15种，植被低矮，草层高度约20厘米，覆盖度30%～50%。在群落中起优势作用的植物种类主要有禾本科的针茅属、早熟禾属、固沙草属、莎草科的苔草属、豆科的黄芪属和棘豆属等，抗旱耐寒的伴生种类众多。

（六）温性荒漠类

温性荒漠类草地是在温带极端干旱的生境条件下，由耐旱性极强的超旱生半灌木、灌木和小乔木为主组成的草地类型。草地气候十分干旱，降水少而蒸发强，年降水量不足100厘米，夏季温暖，7月份的平均气温在25～30℃，冬季寒冷，1月份的平均气温在−30～−20℃。土壤以棕漠土、灰棕漠土和盐化棕钙土为主，土壤发育差，有机质贫乏。

该草地分布于柴达木盆地，海拔2600～3900米，草场面积203.85万公顷，其中可利用草场面积114.45万公顷，占全省可利用草场面积的3.62%。草地的植被覆盖度为15%～30%，草层高度10～30厘米。

温性荒漠类可分为土砾质荒漠亚类、沙质荒漠亚类和盐土荒漠亚类。

（七）高寒荒漠类

高寒荒漠类草地是在寒冷和极端干旱的高原或高山亚寒带气候条件下，由超旱生垫状半灌木、垫状或莲座状草本植物为主发育形成的草地类型。草地气候干燥寒冷，年均温度−10～−8℃，年降水量小于100毫米，年蒸发量1500毫米，植物生长期2～3个月，土壤主要为高原寒漠土。

高寒荒漠类草地分布于西昆仑山南麓和祁连山地的哈拉湖周围

滩地，海拔3500～4700米。草场面积52.55万公顷，其中可利用草场面积23.40万公顷，占全省可利用草场面积的0.74%。草地植被稀疏，覆盖度10%～20%，草层高度5～10厘米。植物组成简单，优势种单一、明显。

（八）低地草甸类

低地草甸类草地是在土壤湿润或地下水丰富的生境条件下，由中生、湿中生多年生草本植物为主形成的一种隐域性草地类型。由于受土壤水分条件的影响，低地草甸的形成和发育一般不成地带性分布，凡能形成地表径流汇集的低洼地、水泛地、河漫滩、湖泊周围等均有低地草甸的分布。在气候干旱、大气水分不足的荒漠地区，在水分条件较好或地下水位较高的地方，也有低地草甸的出现。土壤主要为草甸土、盐化草甸土。主要分布于柴达木盆地、青海湖等湖泊周围、盐湖外缘盐漠滩地，草层高度30～50厘米，植被覆盖度30%～60%。草场面积112.35万公顷，其中可利用草场面积80.28万公顷，占全省可利用草场面积的2.54%。

低地草甸类可分为低湿地草甸亚类和低地盐化草甸亚类。

（九）山地草甸类

山地草甸类草地是在山地温带气候带、大气温和与降水充沛的生境条件下，在山地垂直带上，由丰富的中生草本植物为主发育形成的一种草地类型，该草地气候温湿，生长季节的平均气温在10～18℃以上，年降水量400～600毫米；土壤主要为山地草甸土。

主要分布于东南部山地，海拔2000～3800米。草场面积67.20万公顷，其中可利用草场面积54.94万公顷，占全省可利用草场面积的1.74%。植被覆盖度50%～80%，草层高度25～35厘米，每平方米有植物20～30种。

山地草甸类可分为中低山山地草甸亚类和亚高山山地草甸亚类。

（十）高寒草甸类

高寒草甸类草地是在高原或高山亚寒带和寒带寒冷而湿润的气候条件下，由耐寒性的多年生中生草本植物为主或有中生高寒灌丛参与形成的一类以矮草草群占优势的草地类型。该草地的气候属于高原寒带、亚寒带湿润气候，年平均气温0℃以下，1月的平均气温低于－10℃，7月的平均气温不高于15℃，年降雨量在450毫米左右，全年日照时数平均在3000小时。土壤为高山草甸土。

高寒草甸类草地是青海省分布最普遍，面积最大的类型，广泛分布在海拔3200～5200米的青南高原东、中部，祁连山山体上部，柴达木盆地边缘地带，分布面积大且集中，草场面积达2320.90万公顷，其中可利用草场面积为2107.06万公顷，占全省可利用草场面积的66.68%。草地的草层高度5～15厘米，覆盖度70%～80%；植物组成比较简单，每平方米有植物20余种，占优势的种类主要是耐寒的多年生中生植物，如莎草科的嵩草属、苔草属和蘸草属、蓼科的蓼属、菊科的凤毛菊属，其次是禾本科的早熟禾属、羊茅属、针茅属、赖草属，毛茛科的金莲花属、银莲花属的参与度也较高。

高寒草甸类可分为典型高寒草甸亚类、盐化高寒草甸亚类和沼泽化高寒草甸亚类。

❖ 第二章 ❖
草地生态监测常用方法

一、主要术语及概念

1. 高度（Height）

现场测量植株的叶层高度、营养枝高度、生殖枝高度。主要是植物生长发育期间从地面到生殖后叶片或茎、花序顶端（不包括芒）之间的距离。匍匐茎测量其长度。草层高度是指平视的自然状态草层高度，对突出少量的茎叶不予考虑。

2. 盖度（Coverage）

指植被的投影面积与地表面积的百分比。在野外调查时常采用目测法进行估测。盖度分群落的总盖度和群落内个体的分盖度。分盖度测定结果可以大于总盖度。乔木、灌木的盖度一般用郁闭度表示，常划分0.1～1的十个等级。

3. 多度（Abundance）

指调查样地内各个植物个体的多少（丰富度）。测定方法常采用目测法进行。

4. 频度（Frequency）

指某种植物在草地中出现的次数。

5. 产量（Yield）

监测草地第一性生产力调查实际就是调查草地植物群落的重量。是指在植物生长发育的不同阶段，其地上器官能被动物采食利用部分的产量。

（1）鲜重（Fresh weight） 割下的植物未经风干前的重量，可按照可食草产量和总产草量分别测定鲜重。可食草产量是总产草量减去毒害草产量。

（2）风干重（Dry weight） 是指植物经一定时间的自然风干后，其重量基本稳定时的重量。可将鲜草按可食用和不可食分别装袋，并标明样品的所属样地及样方号、种类组成、样品鲜重，待自然风干后再测其风干重。根据风干重可以推算该草地植物的重量干鲜比。

6. 物候期（Phenophase）

就是指动植物的生长、发育、活动等规律与生物的变化对节候的反应，正在产生这种反应的时候叫物候期，包括返青（出苗）、开花、成熟、黄枯等。

7. 地表特征（Surface characteristics）

地表特征主要包括枯落物、覆沙、土壤侵蚀状况等情况。

8. 土壤侵蚀情况（Soil erosion situation）

指由于自然或人为因素而使表层土壤受到破坏的情况。地表有无土壤侵蚀主要通过调查区域是否有植物根系裸露、表层土壤是否移动或流失、有无岛状沙丘、有无雨水冲刷痕迹等判断。

9. 土壤侵蚀类型（Soil erosion types）

不同的侵蚀外营力作用于不同组成的地表所形成的侵蚀类别和形态。按外营力性质可分为水蚀、风蚀、重力侵蚀、冻融侵蚀和人为侵蚀等类型。

（1）水蚀（Water erosion） 在降水、地表径流、地下径流作用下，土壤、土体或其他地面组成物质被破坏、搬运和沉积的过程。根据水力作用于地表物质形成不同的侵蚀形态，进一步分为溅蚀、面蚀、细沟侵蚀、浅沟侵蚀和切沟侵蚀等。

（2）风蚀（Wind erosion） 在气流冲击作用下，土粒、沙粒或岩石碎屑脱离地表，被搬运和堆积的过程。由于风速和地表组成物质的大小及质量不同，风力对土、沙、石粒的吹移、搬运出现扬失、跃移和滚动三种运动形式。

（3）重力侵蚀（Gravity erosion） 地面岩体或上体物质在重力作用下失去平衡而产生位移的侵蚀过程。根据其形态可分为崩塌、崩岗、滑坡、泻溜等。

（4）冻融侵蚀（Freeze-thawing erosion） 在高寒区由于寒冻和热融作用交替进行，使地表土体和松散物质发生蠕动、滑塌和泥流等现象。

（5）人为侵蚀（Man-made erosion） 人们不合理地利用自然资源和经济开发中造成新的土壤侵蚀现象。如开矿、采石、修路、建房及工程建设等产生的大量弃土、尾砂、矿渣等带来的泥沙流失。

10. 人口总量（Total population）

人口总量是指一个地区在一定时间内的人口总和，一般以人口普查的统计结果为依据。然而由于人口普查费时耗力，不可能每年都进行，所以我们通常所讲的人口总量就是上一次人口普查时统计的人口总和。

11. 载畜量（Stock-carrying capacity）

也称"载牧量"，是评价草地生产力的一种指标。其含义是：一定的草地面积在放牧季节内，以放牧为基本利用方式，在放牧适度的原则下，能够使家畜正常生长及繁殖的时间及家畜的头数。

（1）放牧天数（Grazing days） 一年内放牧时间的总天数。补饲总天数加放牧总天数应为365天。

（2）放牧方式（Grazing pattern） 草原放牧方式的具体信息要通过对当地牧民或专业人员的访问获得，主要分为全年放牧、冷季放牧、暖季放牧、春秋放牧、禁牧等方式。

12. 畜群结构（Population structure）

亦称"畜群构成"。畜群是饲养或放牧牲畜的群体单位。畜群结构指牲畜群体的组成。狭义的畜群结构是指某种牲畜按性别、年龄（月龄）和生产过程中的作用划分的畜组在本畜群中所占的比重。

13. 草地退化（Grassland degradation）

天然草地在干旱、风沙、水蚀、盐碱、内涝、地下水位变化等不利影响下，或过度放牧与割草等不合理利用，或滥挖、滥割、樵采破坏草地植被，引起草地生态环境恶化，草地牧草生物产量降低，品质下降，草地利用性能降低，甚至失去利用价值的过程。

14. 草地沙化（Grassland desertification）

具沙质地表环境的草地受风蚀、水蚀、干旱、鼠虫害和人为不当经济活动等因素影响，如超载过牧、不合理的垦殖、滥伐与樵采、滥挖药材等，使天然草地遭受不同程度破坏，土壤侵蚀，土质变粗沙化，土壤有机质含量下降，营养物质流失，草地生产力减退，致使原非沙漠地区的草地，出现以风沙为主要特征的类似沙漠景观的草地退化过程。草地沙化是草地退化的特殊类型。

15. 草地盐渍化（Grassland salinization）

草地土壤的盐（碱）含量增加到足以阻止牧草生长，致使耐盐（碱）力弱的优良牧草减少，盐生植物比例增加，牧草生物产量降低，盐（碱）斑面积扩大的草地退化过程。是草地退化的特殊类型。

16. 多年生牧草（Perennial grasses）

草本地上枝条由分蘖节、根茎或根颈处的芽形成，高度几厘米至数米不等，地下部生长多年，地上部每年生长结籽后死亡，种子繁殖或营养繁殖。分布极广，是主要的草地饲用植物，如无芒雀麦、早熟禾、苜蓿、高山嵩草。

多年生草类每年枝条的形成，以及放牧和刈割后的再生，主要靠分蘖来完成。分蘖类型主要有：根茎型（如无芒雀麦、赖草等）；疏丛型（如披碱草、鹅观草等）；密丛型（如针茅、马蔺、芨芨草等）；根茎-疏丛型（如草地早熟禾、看麦娘等）；匍匐型（鹅绒委陵菜、狗牙根、白三叶等）；根蘖型（如苦豆子、扁蓿豆、田旋花等）；轴根型（苜蓿、红豆草、百脉根等）；粗壮须根型（如酸模、大车前等）。

17. 一年生牧草（Annual grasses）

草本分冬性和春性两类，从种子萌发，在当年或次年（冬性）完成全部发育期，如燕麦、灰绿藜、棉蓬等，具一定饲用价值。

18. 经济类群（Economic groups）

在草原管理和研究中，人们根据草地植物饲用特点的经济价值或植物学特性，将草地植物分为下述四种不同的经济类群。

（1）禾本科草类（Gramineae grasses）　是草原植物中最大的科之一，在"草原带"占草层70%以上，富含碳水化合物和能量，多耐牧，茎多中空，平行叶脉，叶片不易脱落，好保存，在各类群中其经济意义当推第一。

（2）豆科草类（Leguminous grasses）　也是草原植物中最大的科之一，各类草原几乎都有分布，在森林带占草层重量10%～20%。由于富含蛋白质，故营养价值居各类群之首，也是重要的生物肥源，调制、保存性能不如禾草类。

（3）莎草科草类（Cyperaceae grasses）　其中还包括灯心草科，多分布于草甸、湿润地带，一般草层低，产量不高，常缺P、

Ca，故列入酸性草类，生长后期适口性较差，耐牧性很强。

（4）杂类草（Forbs） 除以上三种之外的其他科植物，主要如菊科、藜科、蓼科等，在草原植物中占10%～60%，营养价值和利用特点差异很大。

19. 日降水量（Daily precipitation）

指前一天20时到当日20时的24小时内未经蒸发、渗透、流失的降水在水平面上的积累厚度。

二、前期准备

（一）制定工作计划

各地根据年度监测需求，制定具体监测计划，确定调查路线和布点区域。

（二）人员准备

为完成地面监测任务，组建若干个地面监测小组，且每组一般不少于4人，并对参加调查的人员进行必要的技术培训。

（三）资料准备

收集样地相关资料，自然条件概况，包括当地草原资源、气候、地貌、土壤等方面的情况；社会经济概况，包括人口、农牧业产值、土地利用情况等；畜牧业生产概况，包括畜群结构、饲养方式、草原建设、饲料来源等；自然与生物灾害发生情况等。

（四）野外监测用具准备

每个监测小组需准备以下监测用具。

1. 草地监测工具

100米皮尺，1米钢卷尺，剪刀，枝剪，1米×1米样方框、样圆，精度为0.1克的便携式电子天平；草地监测专用表格，野外记录本，铅笔，签字笔，记号笔，橡皮，卷笔刀。

2. 标本采集工具

标本夹，标签，标本纸，采集镐。

3. 土壤取样工具

土钻，土壤环刀，土壤铝盒，土壤刀；专用锡纸；30厘米×40厘米布袋若干。

4. 其他辅助设备

手持GPS定位仪（或PDA）；轨迹记录仪；数码照相机（尼康）；鱼眼镜头；工具整理箱若干个；工具包若干套；监测区1∶50000地形图；监测区最新的卫星影像资料和专题地图；笔记本电脑；数据处理软件；工地理信息系统（GIS）软件；遥感图像处理软件（ERDAS/ENVI）；交通工具等。

三、监测时间

草地监测时间为每年7～8月，于牧草生长盛期（花期或抽穗期），每次野外监测时间应在7～10天内完成，以确保数据的可比性。

四、样地布设

（一）样地布设

样地要能代表监测区域草地的植被类型，应尽可能设在不同的地貌类型上，能充分反映不同地势、地形条件下植被的生长状况。

样地内要求生境条件、植物群落种类组成、群落结构、利用方式和利用强度等具有相对一致性；样地之间要具有异质性，每个样地能够控制的最大范围内，地貌、植被等条件要具有同质性，即地貌以及植被生长状况应相似。天然草地样地控制范围原则上应不小于100公顷。此外还需考虑交通的便利性。

样地的设置原则是：

① 所选样地要具有该类型分布的典型环境和植被特征，植被系统发育完整，具有代表性；

② 样地选择中，应考虑主要草地类型中优势种、建群种在种类与数量上变化趋势与规律，例如草地沙化、退化监测样地设置应能反映出梯度变化趋势；

③ 山地垂直带上分布的不同草原类型，样地应设置在每一垂直分布带的中部，并且坡度、坡向和坡位应相对一致；

④ 对隐域性草地分布的地段，样地设置应选在地段中环境条件相对均匀一致的地区，草地植被呈斑块状分布时，则应增加样地数量，减小样地面积；

⑤ 对于利用方式不同及利用强度不一致的草地，应考虑分别设置样地，如割草地、放牧场、季节性放牧场、休牧草地、禁牧草地、有不同培育措施的草地、存在不同利用强度的草地等，力求全面反映草地植被在不同利用状况下的差异；

⑥ 进行草地保护建设工程效益监测时，要同时选择工程区内样地和工程区外样地进行监测，其他条件如地貌、土壤和原生植被类型均需尽量保持一致；

⑦ 当草地的利用方式或培育措施发生变化时，及时选择新的与该样地相对应的对照样地，以监测上述变化造成的影响；

⑧ 样地一般不设置在过渡带上。

（二）样方布设

样方布设要反映各生态系统随地形、土壤和人为环境等的变化特征，每个样地须保证有重复样方（图2-1）。

样方是能够代表样地信息特征的基本采样单元，用于获取样地的基本信息。草地生态系统样方为1米×1米，3～6次重复；草原

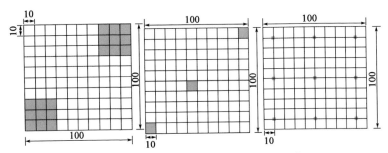

图2-1　不同生态类型样地样方布设示意（单位：米）

生态系统样方面积为1米×1米或1米×2米，3～6次重复；荒漠草地样方面积为1米×2米或2米×2米，3～6次重复。

样方设置的基本原则如下。

① 样方设置在样地内。

② 沿任意方向每隔一定距离设置一个样方。选定第一个样方后，按一定方向、一定距离依次确定第二个、第三个等。样方设置既要考虑代表性，又要有随机性。样方之间的间隔不少于250米，同一样方不同重复之间的间隔不超过250米。

③ 如遇河流、建筑物、围栏等障碍，可选择周围邻近地段草地类型相同、利用方式和环境状况基本一致，具有与原定点相同代表性的地点进行采样。

④ 为获得最接近真实的生物量，在被调查的样地内，尽量选择未利用的区域做测产样方。

⑤ 工程区域进行监测，要在工程区内、外分别设置样方，进行内、外植被的对比分析。内、外样方所处地貌、土壤和植被类型要一致。

五、观测内容

（一）样地背景因子观测

（1）样地地理位置　样地经纬度及海拔。经纬度要求统一按度分秒格式填写，如：E97°11′37.2″，N32°47′12.3″。

（2）行政区域 ××县××乡（镇）××村（牧委会）。

（3）样地景观照片及编号 在样地调查中，需要同时拍摄样地所在区域具有代表性的景观照片，景观照要求能反映样地周围的特征景物。

样地照片的照片编号应当包括固定监测点编码、行政区编码、日期等有关信息，例如：M632721050809015P，第1位M为Map的第一个字母；第2～7位为县级行政区编码；第8～13位为年、月、日，如050813，表示2005年8月13日；第14～16位为照片编码，如005表示第5幅照片；第17位表示图片类型，其中P表示全景相片，T表示典型地物，F表示俯视。M632721050809015P，即为在玉树市某核查点拍摄的第015号样点全景相片，时间为2005年8月9日。

（4）地形地貌 地形是地表起伏和地物的总称，地形起伏的大势一般称为地势。五大地形为：高原、平原、山地、丘陵、盆地；地貌是地球表面的各种面貌，是不同的地质条件造就的，各种内外力作用后的结果（表2-1）。

表2-1 地貌类型及判断依据

地貌类型	判断依据
平原	地势漫平，高差很小的广阔的平坦地面，海拔一般<200米，相对高差约50米
山地	海拔>3000米，相对高度>1000米的陡峭山坡 海拔为1000～3000米，相对高度为500～1000米的山坡 海拔为500～1000米，相对高度200～500米的平缓山坡，与丘陵无明显界线
丘陵	海拔高度<500米，相对高度<200米，坡度较小
高原	海拔>200米的平原地貌
盆地	指周围被山岭环绕，中间地势低平，似盆状地貌

（5）坡度坡向

① 坡度 打开仪器，使反光镜与度盘座略成45度，侧持仪

器，沿照准器、准星向斜面边瞄准，并使瞄准线与斜面平行，让测角器自由摆动，从反光镜中注视测角器中央刻线所指示俯仰角度表上的刻度分划，即为所求的俯仰角度（坡度）。

② 坡向 打开仪器，使方位指标"△"对准"0"，并使反光镜与度盘座略成45度，用大拇指穿入提环，平持仪器，由照准器经准星向被测地目标瞄准，从反光镜中注视磁针北端所对准度盘座上的分划，即为现地目标的磁方位角数值。

（6）土壤质地 土壤的固体部分主要由许多大小不同的矿物质颗粒组成，矿物质颗粒的大小相差悬殊，且在不同土壤中占有不同的比例，这种大小不同的土粒的比例组合叫土壤质地（表2-2）。

表2-2 土壤质地及判断依据

土壤质地	判断依据
砾石质	土壤中砾石含量超过1%时的土壤
沙土	土壤松散，很难保水，无法用手捏成团，用手捏时有很重的沙性感，并发出沙沙声
壤土	土壤孔隙适当、通透性好、保水性好，湿捏无沙沙声，微有沙性感，用手捏成团后容易散开
黏土	土壤颗粒小、通透性差、水分不易渗透、容易积水，用手捏成团后不易散开

（7）地表特征 地表特征主要包括枯落物、覆沙、土壤侵蚀状况等情况（表2-3）。

表2-3 地表特征及判断依据

地表特征	判断依据
枯落物情况	主要指地表有无枯枝落叶覆盖
覆沙情况	主要指由于风积作用使表层土壤从一地移动到另一地后在地表造成的沙土堆积
盐碱斑	在土壤盐碱化地区，要填写地表有无碱斑和龟裂情况
裸地面积比例	裸地面积所占比例的估测，主要用于草原退化、沙化、盐渍化、石漠化状况的判别

续表

地表特征	判断依据
土壤侵蚀情况	风蚀 一般在降雨量较少的西北草原地区，有植物根系裸露或表层土壤有移动痕迹 水蚀 坡度在中坡以上地区或低洼地带，有雨水冲刷痕迹 人为活动所致 居民点、工矿企业附近，地表裸露面积比例较大、且地表多沙砾石 超载过牧所致 地表多牲畜粪便和有蹄类动物践踏痕迹，且地表多沙砾石覆盖、裸地比例较大，植物高度、盖度明显下降

（8）利用方式 草地利用方式的具体信息要通过对当地牧民或专业人员的访问获得，主要分为以下几种（表2-4）。

表2-4 草地利用方式及判断依据

利用方式	判断依据
全年放牧	全年放牧利用
冷季放牧	北方一般指冬季和春季放牧，南方一般指冬季放牧
暖季放牧	牧草生长季节放牧
春秋放牧	春季和秋季放牧
禁牧	全年不放牧
打草场	用于刈割的非放牧草地

（9）利用状况 指草地上家畜放牧和人类活动情况。利用状况以目视和调查为准（表2-5）。

表2-5 草地利用状况及判断依据

利用状况	判断依据
未利用	指没有被放牧或打草利用的草原
轻度利用	放牧较轻，对草地没有造成损害，植被生长发育状况良好
合理利用	草地利用合理，草畜基本平衡，植物生长状况优良

利用状况	判断依据
超载	草地过度利用，草地载畜量超过草畜平衡规定，幅度<30%，草地有退化迹象，群落的高度、盖度下降，多年生牧草比例减少
严重超载	草地重度利用，草地家畜超载幅度>30%，草地退化现象严重，草群高度、盖度明显下降，优良牧草比例明显减少，一年生或者有害植物增加

（二）草地生态系统观测

（1）样地设置　草地固定样地面积为100米×100米，按长期观测标准样地布设，样地一经确定，不再变更。样地大小要满足有效观测10年，每年7～9月植被生长盛期观测。

（2）观测内容　主要包括草地盖度、植被高度、频度、生物量等。

（3）观测方法　草地样方面积为根据草地类型确定，至少重复3～6次。观测采用现场调查法（表2-6）。

表2-6　草地生态系统观测一览表

类别	监测内容	监测指标	监测方法	监测频度	监测时间	备注
草地监测	基本情况	草地类型	实地调查	1次/年	7～9月	
		草地类型	实地调查	1次/年	7～9月	
		草地动态变化	遥感	1次/年	全年	
		载畜量	实地调查	1次/年	7～9月	
		利用方式	实地调查	1次/年	7～9月	
	植被群落结构	盖度	样方法	1次/年	7～9月	
		高度	样方法	1次/年	7～9月	
		频度	样方法	1次/年	7～9月	
		生物量	样方法	1次/年	7～9月	

六、草地生态系统野外观测方法

（一）地上生物量地面观测

1. 草地生态系统地上生物量地面观测

按照草地生态系统样方布设规则布设样方。草地生态系统参数野外观测应选择植物生长高峰期时进行，测定时间以当地草地群落进入产草量高峰期为宜，生物量分为活体生物量和凋落物生物量。

活体生物量：将样方内植物地面以上所有绿色部分用剪刀齐地面剪下，分种分别装进信封袋，做好标记。称量鲜重后，65℃烘干称量干重，并将测得的干重数据记录，数据保留小数点后两位。

需要注意如下事项。

（1）如果样品量较多而烘干箱容量有限时，先称量总鲜重，然后取部分鲜样品，称量鲜重进行烘干、测定，所得值乘以其取样比率，即可获得整体干重值。

（2）在野外收集样品时需要将样品按样方分别装入样品袋，编上样品样方号和日期，需要清点每个样方样品，不要有遗漏。

（3）带回的样品应立即处理，如不能及时置于烘箱，需放置于网袋悬挂于阴凉通风处阴干，样品在野外收集时尽量放置在阴凉处，因为太阳暴晒易导致失水或霉烂；并尽快置于烘箱65℃烘干至恒重。

2. 草地生态系统地下生物量测定

地下生物量采用钻土芯法，土钻选用7～10厘米的钻径，钻取一定体积的土块，将含有根系的土壤全部收集到容器中，放入孔筛或尼龙网袋冲洗，然后将冲洗出来的根进行分离、烘干、称重。

（二）植被覆盖度地面观测

植被覆盖度指植被的投影面积与地表面积的百分比。盖度分群落的总盖度和群落内个体的分盖度。在野外调查时常采用照相法、目测法或方格法进行监测。分盖度测定结果可以大于总盖度。

群落总覆盖度采用以下方法测定。

（1）照相法 即取10米×10米的样方，取每个样方中心进行拍摄，手持鱼眼相机在距地面1.5米的高度，镜头垂直向下重复拍摄2～3次，最后分别计算每个样点覆盖度，取其平均值作为样方总的覆盖度。

遵循以下原则：

① 照相法测量覆盖度时，要在记录表格中记录每个样方内所拍照片编号，方便后续处理；

② 计算原理是对照片进行分类，统计植被像元比例，可用Photoshop, CAN-EYE等软件统计，也可用IDL调用ENVI进行批处理；

③ 鱼眼照片采用中心投影，照片边缘变形较大，且视角大，处理时应先对照片进行裁剪，以照片中心点为圆心，照片宽度的2/3为半径将照片裁为圆形；

④ 用ENVI分类时采用监督分类方法，记下不同生态类型照片中植被与非植被的RGB分界值，然后以此编程，对其他照片进行分类。

注意最好选择阴天或太阳高度角相对较低的时刻拍摄，防止过度曝光或阴影造成相片误判。

（2）目测法 目测并估计样方内所有植物垂直投影的面积。

（3）样线针刺法 选择50米或30米刻度样线，每隔一定间距用探针垂直向下刺，若有植物，记做1，无则记做0，然后计算其出现频率，即盖度。

（三）高度地面观测

用钢卷尺测量样方内所有植物的生殖枝（开花、结实的枝条）和营养枝（禾草、莎草植物的叶片，其他植物不开花结实的枝条）的自然高度并登记；最后测定枝条或叶片集中分布的平均高度。

（四）频度地面观测

某种植物在草地上出现的次数，也就是出现率。它说明该种植物在草群中分布的均匀程度。在监测时用记名样方统计，以百分数来表示。频度样方不少于10个。

（五）主要植物种调查

调查填写样方内优势种或群落的建群种的规范中文名称、优良牧草种类（饲用评价为优等、良等的植物），同时记录样方内对家畜有毒、有害的植物种数量（表2-7、表2-8）。

表2-7 草地监测样方调查

_____县_____乡（镇）_____村（牧委会）

样地名称			草地类型					监测时间			
样点GPS坐标			E:		海拔/m						
			N:			样方第 次重复					
植被总覆盖度/%				群落高度/cm							
鲜重/g				干重/g			样方面积/m²				
序号	物种	分盖度/%	鲜重/g	高度/cm							
				1	2	3	4	5	6	7	8	9	10
1											
2											
3											
4											

监测单位： 监测人： 记录人： 审核：

表2-8 草地监测频度调查

_____县_____乡（镇）_____村（牧委会）

样地名称			草地类型	
样点GPS坐标	E:		监测时间	
	N:		海拔/m	
植物总盖度/%			群落高度/cm	
序号	物种	频度		合计/%
1				
2				
3				
4				

监测单位：　监测人：　记录人：　审核：

七、社会经济及牧业活动调查

社会经济及牧业活动调查是结合工程项目的实施情况，对监测区域的生态环境综合治理情况以及项目实施过程中社会经济状况的变化等进行调查，最终可为监测区域的生态环境状况评价、生态系统综合评估、生态环境综合治理工程成效评估提供系统、完整、连续的社会经济数据支撑。

1. 调查范围

调查以县为单位进行建设养畜工程、黑土滩综合治理工程、退牧还草工程等工程的项目实施区（包括生态移民的迁出地和迁入地）调查。

2. 调查内容

调查主要包括：监测区域人类生产活动、社会经济状况、人居环境等内容。

3. 调查时间

于当年进行天然草地监测前（5～6月）及监测结束后的（10～12月）进行。

4. 调查指标

（1）人口和劳动力资源调查 包括调查区土地总面积户数、行政村数、牧业人口数、农业人口数、畜牧业、种植业劳动力、工业建筑业劳动力等。

（2）人类生产活动调查 牧业活动，包括各乡牦牛、黄牛、绵羊、山羊、马、驴、骡、骆驼等牲畜头（只）数等；商品畜头（只）数、出栏率、成畜死亡率、幼畜育活率、母畜繁活率和繁殖母畜头数；肉、毛、奶和皮等畜产品的数量统计；草地可利用面积、禁牧面积、草畜平衡面积、中度以上退化草地面积和主要退化原因分析；禁牧、减畜情况。参考表2-9～表2-12内容填写。

（3）草原建设工程 包括各乡镇草场围栏、人工种草、草场施肥、草场补播、鼠虫害防治、毒杂草灭除和建设养畜等工程的规模。

（4）社会经济调查 包括各乡农牧业产值、农村经济收入和农牧民人均纯收入。参考表2-13～表2-15内容填写。

表2-9 ＿＿＿＿年＿＿＿县草食牲畜数量统计

乡名称（或户名）	总计/万头	大牲畜/头							小牲畜/头				其他
		牛			马	驴	骡	骆驼	合计	藏羊	改良羊	山羊	
		小计	牦牛	黄牛									

表2-10 ＿＿＿＿年＿＿＿县畜牧业生产效益统计

乡名称（或户名）	总增		净增		出栏		商品		成畜死亡		仔畜育活		母畜繁活		繁殖母畜	
	数量/头	增/%	数量/头	增/%	数量/头	增/%	数量/头	增/%	数量/头	增/%	数量/头	增/%	数量/头	增/%	母畜数/头	增/%

表2-11 ＿＿＿＿年＿＿＿县畜产品产量统计

乡名称（或户名）	肉类/千克			毛类/张				奶类/千克	皮张/张		
	合计	牛肉	羊肉	合计	牛毛绒	羊毛	山羊绒		合计	羊皮	牛皮

表2-12 ＿＿＿＿年＿＿＿县禁牧、减畜情况统计

乡名称（或户名）	草地面积/亩	草地可利用面积/亩	草地禁牧面积/亩	草畜平衡面积/亩	中度以上退化草地面积/亩	草地退化主要原因	减畜数量/头	
							牛	羊

表2-13 _____年____县农牧业产值、经济收入及费用统计表

乡名称（或户名）	农牧业产值/万元				农村经济收入/万元					
	总产值	畜牧业产值	农业产值	林业产值	农村经济总收入	农村经济费用			农牧民人均纯收入
						总费用	牧业	农业	

表2-14 _____年____县____乡牧户经济收入来源统计

牧户名称	人口/口		肉类/千克			毛类/千克				奶类/千克	皮张/张			其他
	总人口	牧业人口	合计	牛肉	羊肉	合计	牛毛绒	羊毛	山羊绒		合计	羊皮	牛皮	

注：表中所填数字以畜牧部门掌握的实际数字为准，奶类收入含酥油收入，其他收入包括虫草交易、从事服务业等行业收入。

表2-15 _____年____县____乡牧户生产效益统计

单位：头（只）

户名	牲畜种类	总数	净增		出栏		商品		成畜死亡		仔畜育活		母畜繁活		繁殖母畜	
			数量	增/%	数量	增/%	数量	增/%	数量	增/%	数量	增/%	数量	增/%	母畜数	增/%
	牦牛															
	绵羊															
	山羊															
	马（驴、骡、驼）															

续表

户名	牲畜种类	总数	净增		出栏		商品		成畜死亡		仔畜育活		母畜繁活		繁殖母畜	
			数量	增/%	数量	增/%	数量	增/%	数量	增/%	数量	增/%	数量	增/%	母畜数	增/%
	牦牛															
	绵羊															
	山羊															
	马（驴、骡、驼）															
	牦牛															
	绵羊															
	山羊															
	马（驴、骡、驼）															

◆ 第三章 ◆
生态监测常见植物

一、草本植物

（一）百合科（Liliaceae）

百合科植物是被子植物的一种，属单子叶植物类。大多数为多年生草本，少数为木本。地下具鳞茎或根状茎，茎直立或呈攀缘状，叶基生或茎生，茎生叶常互生，少有对生或轮生。花单生或聚集成各式各样的花序，花常两性，辐射对称，各部为典型的3出数，花被片6枚，花瓣状，两轮，离生或合生。雄蕊6枚，花丝分离或连合。子房上位，常为3室，蒴果或浆果。该科约230属4000多种，全球分布，但以温带和亚热带最丰富。中国有60属近600种，遍布全国。

1. 高山韭

学名　*Allium sikkimense* Baker

科　百合科 Liliaceae

属　葱属 *Allium*

生境分布　生长于海拔2600～5000米的灌丛、草甸、林下、洪积扇。青海的久治、玛沁、同仁、泽库、河南蒙古族自治县（以下简称河南）、贵南、湟源、湟中、互助土族自治县（以下简称互助）、祁连、门源回族自治县（以下简称门源）等地均有分布（图3-1）。

031

图3-1　高山韭

2. 碱韭

学名　*Allium polyrhizum*
科　　百合科 Liliaceae
属　　葱属 *Allium*
生境分布　生长于海拔1000～3700米的向阳山坡以及草地上。青海的德令哈、都兰、乌兰、贵南、西宁、湟源、互助、刚察等地均有分布（图3-2）。

图3-2　碱韭

（二）报春花科（Primulaceae）

报春花科植物为多年生或一年生草本，很少呈亚灌木状。叶对生、互生或轮生，有时全部基生，单叶或分裂，无托叶；花两性，辐射对称，单生或伞形花序式排列于花葶上，或为顶生或腋生的总状花序、圆锥花序或穗状花序；萼常5裂而宿存；花冠合瓣，少数无，管长或短，5裂；雄蕊5枚，与花冠裂片对生，有时有退化雄蕊；子房上位，少半下位，1室；胚珠极多数，生于特立中央胎座上；果为蒴果。中国产12属约500种，全国各地都有分布。

1. 羽叶点地梅

学名　*Pomatosace filicula* Maxim.
科　报春花科 Primulaceae
属　羽叶点地梅属 *Pomatosace*
生境分布　生长于海拔2800～4500米的高山草甸、山坡草丛中、河滩沙地或山谷阴处。青海的杂多、囊谦、称多、曲麻莱、玉树藏族自治州（以下简称玉树）、班玛、玛多、久治、玛沁、尖扎、同仁、泽库、河南、天峻、兴海、共和、同德、门源、祁连等地均有分布（图3-3）。

图3-3　羽叶点地梅

2. 西藏点地梅

学名　*Androsace mariae* Kanitz
科　报春花科 Primulaceae
属　点地梅属 *Androsace*

　　生境分布　生长于海拔1800～4000米的山坡草地、林缘和砂石地上。青海的杂多、囊谦、称多、玛多、久治、玛沁、同仁、泽库、兴海、同德、贵德、西宁、大通回族土族自治县（以下简称大通）、循化撒拉族自治县（以下简称循化）、乐都、湟源、民和回族土族自治县（以下简称民和）、互助、门源等地均有分布（图3-4）。

图3-4　西藏点地梅

3. 垫状点地梅

　　学名　*Androsace tapete* Maxim.
　　科　报春花科 Primulaceae
　　属　点地梅属 *Androsace*
　　生境分布　生长于海拔3500～5000米的砾石山坡、河谷阶地或平缓的山顶。青海的治多、玉树、曲麻莱、玛多、玛沁、河南、都兰、乌兰、杂多等地均有分布（图3-5）。

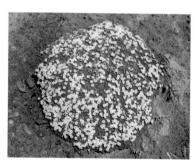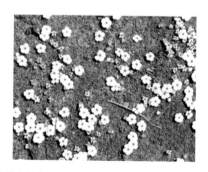

图3-5　垫状点地梅

4. 天山报春

学名　*Primula nutans* Georgi
科　报春花科 Primulaceae
属　报春花属 *Primula* L.
生境分布　生长于海拔590～3800米的草甸、沼泽草甸或河滩中。青海的玉树、玛多、久治、班玛、玛沁、尖扎、同仁、泽库、格尔木、大柴旦、共和、天峻、兴海、乐都、刚察、祁连、门源等地均有分布（图3-6）。

图3-6　天山报春

5. 钟花报春

学名　*Primula sikkimensis* Hook.
科　报春花科 Primulaceae
属　报春花属 *Primula* L.
生境分布　生长于海拔3200～4400米的河滩湿地、山谷小溪旁、林缘湿地、沼泽草甸。青海的治多、曲麻莱、囊谦、玉树、称多等地均有分布（图3-7）。

6. 海乳草

学名　*Glaux maritima* Linn.
科　报春花科 Primulaceae

属 海乳草属 *Glaux*

生境分布 生长于海拔300～4850米低地草甸、盐渍化草甸、盐渍化沙地、沼泽草甸、河滩等。青海的杂多、治多、囊谦、玉树、玛多、久治、尖扎、同仁、泽库、河南、格尔木、大柴旦、乌兰、共和、西宁、大通、民和、刚察、门源等地均有分布（图3-8）。

图3-7 钟花报春

图3-8 海乳草

（三）车前科（Plantaginaceae）

车前科属双子叶植物纲菊亚纲的一科，一年生或多年生草本。叶基出或近基出，叶脉多少平行，不具托叶。花期出花茎，头状花序或穗状花序。花小，常两性，整齐，无小苞。萼筒状，4裂，花冠合瓣，4裂，膜质和萼裂片均覆瓦状排列，雄蕊4枚（少数为1～2枚），有极长花丝及丁字形花药，含多数花粉粒，子房上位，常由2心皮合成，2室（有时1～4室），中轴胎座，每室有一至多数半倒生胚珠。果实为膜质蒴果，环裂，盖开，有时为坚果，外围宿残的萼，胚直伸，位于肉质胚乳中。该科3属270种。以车前属为最大，约265种，广布于全世界。中国产车前属约10余种。

平车前

学名　*Plantago depressa* Willd.
科　车前科 Plantaginaceae
属　车前属 *Plantago* L.
生境分布　生长于海拔500～2650米的山谷、田边、路旁及渠岸潮湿处。青海的杂多、囊谦、玉树、治多、曲麻莱、玛多、久治、玛沁、尖扎、同仁、河南、德令哈、都兰、共和、兴海、贵南、西宁、大通、湟中、循化、乐都、民和、互助、刚察、门源等地均有分布（图3-9）。

图3-9　平车前

（四）川续断科（Dipsacaceae）

川续断科属双子叶植物纲菊亚纲川续断目的一科，一年生或多年生草本，少有小灌木，光滑，被长毛或有刺。叶对生，少数轮生，单叶，稀羽状复叶，无托叶。花序一般为具有总苞的聚伞形密头状花序或穗状轮伞花序，少数为圆锥花序。花两性，左右对称，小总苞平截，冠状，刚毛状或成齿刺；花萼小，杯状，管状，或全裂成 5～20条针刺或羽状刚毛；花冠漏斗状，4～5裂，二唇形，裂片花蕾时覆瓦状排列；雄蕊4枚，有时2枚，冠生，并与花瓣互生，花药2室，纵裂；花粉粒3沟孔，表面有刺；雌蕊2心皮，合生，1室，具一顶生倒悬胚珠，子房下位，花柱单一，柱头简单或2裂。瘦果，1种子，位于小总苞中，常冠以宿存的花萼，呈羽毛状，降落伞状或具钩刺，借风力或动物传播。种子有胚乳。

1. 圆萼刺参

学名　*Morina chinensis*（Botal ex Dicls）pai
科　川续断科 Dipsacaceae
属　刺续断属 *Morina*
生境分布　生长于海拔2800～4000米的高山草坡、灌丛中。青海的玛沁、甘德、达日、称多、治多、曲麻莱等地均有分布（图3-10）。

图3-10　圆萼刺参

2. 白花刺参

学名　*Morina nepalensis* D. Don var. alba（Hand.-Mazz.）Y. C. Tang

科　　川续断科 Dipsacaceae

属　　刺续断属 *Morina*

生境分布　　生长于海拔3000～4000米的山坡草甸或林下。青海南部的玉树等地均有分布（图3-11）。

图3-11　白花刺参

（五）唇形科（Lamiaceae）

唇形科是双子叶植物纲中的一科，通常为一年生至多年生草本。植株含芳香油、具有柄或无柄的腺体，或各种单毛，具节毛或星状毛。茎直立或匍匐状，常四棱形；枝条对生，少数轮生。叶通常为单叶，全缘或具各种齿，浅裂或深裂，有时为复叶，大多对生，少数为轮生或部分互生。花两性，很少单性，两侧对称，很少近辐射对称，单生或成对，或于叶腋内丛生；或为轮伞花序或聚伞花序，再排成穗状、总状、圆锥花序式或头状花序式；花萼合生5裂或4裂，常二唇形，宿存；花冠合瓣，冠檐5裂或4裂，常二唇形；雄蕊通常4枚，二强，有时退化为2枚，稀具第5枚退化雄蕊，花丝分离或两两成对，极少数在基部连合或成鞘，花药2室，纵裂，少数在花后贯通为1室，有时前对或后对药室退化为1室，形成半药；花盘发达，通常2～4浅裂或全缘，有心皮2枚，4裂；子房上位，假4室，每室有胚珠1颗，花柱一般着生于子房基部，少数着生点高于子房基部，顶端相等或不相等2浅裂，少数不裂；果通常裂成4枚小坚果，或核果状；每坚果有1种子，无胚乳或有少量胚乳，胚具与果轴平行或横生的子叶。该科约220属3500余种，我国有99属808余种。

1. 异叶青兰

学名　*Dracocephalum heterophyllum* Benth.

科　唇形科 Lamiaceae

属　青兰属 *Dracocephalum*

生境分布　生长于海拔2000～4700米的高山草甸、沙质河滩、砾石质山坡和高山草原等地。青海省各地均有分布（图3-12）。

图3-12　异叶青兰

2. 独一味

学名　*Lamiophlomis rotata*（Benth.）Kudo

科　唇形科 Lamiaceae

属　独一味属 *Lamiophlomis* Kudo

生境分布　常生长于海拔2160～5100米的石质高山草甸、河滩地或强度风化的碎石滩上。青海的杂多、治多、曲玛莱、玉树、囊谦、称多、玛沁、久治、同仁、泽库、河南、兴海、贵德、西宁、湟中、乐都、互助、门源等县均有分布（3-13）。

3. 圆叶筋骨草

学名　*Ajuga ovalifolia* Bur. et Franch.

科　唇形科 Lamiaceae

属　筋骨草属 *Ajuga* Linn.

生境分布　生长于海拔3900～4300米的河谷、阴坡草地上。青海的班玛、久治等地均有分布（图3-14）。

图3-13　独一味

图3-14　圆叶筋骨草

4. 白苞筋骨草

学名　*Ajuga lupulina* Maxim.

科　唇形科 Lamiaceae

属　筋骨草属 *Ajuga* Linn.

生境分布　生长于海拔1900～4200米的河滩沙地、高山草地或陡坡石缝中。青海的大部分地区均有分布（图3-15）。

图3-15　白苞筋骨草

5. 粘毛鼠尾草

学名　*Salvia roborowskii* Maxim.

科　唇形科 Lamiaceae

属　鼠尾草属 *Salvia* Linn.

生境分布　生长于海拔2500 ～ 4200米的山坡草地、沟边阴处、山脚、山腰等。青海全省各地均有分布（图3-16）。

图3-16　粘毛鼠尾草

6. 康定鼠尾草

学名　*Salvia prattii* Hemsl.

科　唇形科 Lamiaceae

属　鼠尾草属 *Salvia* Linn.

生境分布　生长于海拔3500～5000米的山坡草地、半阴坡草地、河滩、林缘。青海的杂多、囊谦、玉树、称多、久治等地均有分布（图3-17）。

图3-17　康定鼠尾草

7. 密花香薷

学名　*Elsholtzia densa*

科　唇形科 Lamiaceae

属　香薷属 *Elsholtzia* Willd.

生境分布　生长于海拔1800～3800米荒地、田边、路边、水沟边。青海大部分地区均有分布（图3-18）。

8. 细叶益母草

学名　*Leonurus sibiricus* Linn.

科　唇形科 Lamiaceae

属　益母草属 *Leonurus* Linn.

生境分布　生长于海拔2300～2600米的山坡、田边、路边。青海的尖扎、西宁、乐都、互助等地均有分布（图3-19）。

图3-18 密花香薷

图3-19 细叶益母草

（六）大戟科（Euphorbiaceae）

大戟科属双子叶植物，乔木、灌木或草本，少数为木质或草质藤本；木质根，有的为肉质块根；通常无刺；常有乳状汁液，白色，少有为淡红色。叶互生，少有对生或轮生，单叶，少有复叶，或叶退化呈鳞片状，边缘全缘或有锯齿，少见掌状深裂；具羽状脉或掌状脉；叶柄长至极短，基部或顶端有时具有1～2枚腺体；托叶2片，着生于叶柄的基部两侧，早落或宿存，少数为托叶鞘状，脱落后具环状托叶痕。花单性，雌雄同株或异株，单花或组成各式花序，通常为聚伞或总状花序；萼片分离或在基部合生，覆瓦状或镊合状排列，在特化的花序中有时萼片极度退化或无；花瓣有或无；花盘环状或分裂成为腺体状，少数无花盘；雄蕊1枚至多数，花丝分离或合生成柱状，在花蕾时内弯或直立，花药外向或内向，基生或背部着生，药室2个，极少3～4个，纵裂，少数顶孔开裂或横裂，药隔截平或突起；雄花常有退化雌蕊；子房上位，3室，少有2或4室或更多或更少，每室有1～2颗胚珠着生于中轴胎座上，花柱与子房室同数，分离或基部连合，顶端常2至多裂，直立、平展或卷曲，柱头形状多变，常呈头状、线状、流苏状、折扇形或羽状分裂，表面平滑或有小颗粒状凸体，少数被毛或有皮刺。果为蒴果。该科约300属8000种以上，广布于全球。中国有66属约864种，各地俱产。

1. 青藏大戟

学名　*Euphorbia altotibetitca*

科　大戟科 Euphorbiaceae

属　大戟属 *Euphorbia* L.

生境分布　生长于海拔2800～3900米的草丛、山坡、湖边及滩地草甸。青海的玉树、玛多、玛沁、尖扎、河南、兴海、贵南、刚察等地均有分布（图3-20）。

图3-20　青藏大戟

2. 泽漆

学名　*Euphorbia helioscopia* Linn.
科　大戟科 Euphorbiaceae
属　大戟属 *Euphorbia* L.

生境分布　生长于海拔2500～3800米的沟边、路旁、田野中。青海的班玛、同仁、泽库、循化、乐都、互助等地均有分布（图3-21）。

图3-21　泽漆

（七）豆科（Leguminosae）

豆科为双子叶植物，常为乔木、灌木、亚灌木或草本，直立或攀缘，常有能固氮的根瘤；叶常绿或落叶，通常互生，偶见对生；托叶有或无，有时叶状或变为棘刺；花两性，少数单性，辐射对称或两侧对称；花被2轮；萼片3枚或5枚，分离或连合成管，有时二唇形，少数退化或消失；花瓣0~5枚不等，常与萼片的数目相等，极少数无，分离或连合成具花冠裂片的管，大小有时可不等，或有时构成蝶形花冠，近轴的1片称旗瓣，侧生的2片称翼瓣，远轴的2片常合生，称龙骨瓣，遮盖住雄蕊和雌蕊；雄蕊通常10枚，有时5枚或多数，分离或连合成管，单体或二体雄蕊，花药2室，纵裂或有时孔裂，花粉单粒或常联成复合花粉；雌蕊通常由单心皮所组成，少数具多枚心皮且离生，子房上位，1室，基部常有柄或无，沿腹缝线具侧膜胎座，胚珠2至多颗，悬垂或上升，排成互生的2列，为横生、倒生或弯生的胚珠；花柱和柱头单一，顶生。果为荚果，成熟后沿缝线开裂或不裂，或断裂成含单粒种子的荚节；种子通常具革质或有时膜质的种皮，生于长短不等的珠柄上，有时由珠柄形成一多少肉质的假种皮，胚大，内胚乳无或极薄。

1. 多枝黄芪

　　学名　*Astragalus polycladus* Bur. et Franch.

　　科　豆科 Leguminosae sp.

　　属　黄芪属 *Astragalus* Linn.

　　生境分布　生长于海拔2000～3300米的山坡、河谷、河滩、林缘草甸。青海的杂多、囊谦、玉树、称多、治多、曲麻莱、玛多、达日、班玛、甘德、久治、玛沁、尖扎、同仁、泽库、河南、格尔木、德令哈、茫崖、冷湖、大柴旦、乌兰、天峻、共和、兴海、同德、贵德、贵南、西宁、大通、湟源、湟中、平安、化隆、循化、乐都、民和、互助、刚察、海晏、祁连、门源等地均有分布（图3-22）。

图3-22　多枝黄芪

2. 膜荚黄芪

　　学名　*Astragalus membranaceus*（Fisch.）Bunge

　　科　豆科 Leguminosae sp.

属　黄芪属 *Astragalus* Linn.

生境分布　生长于海拔2400～3400米的林缘、灌丛或疏林下，亦见于山坡草地或草甸中。青海的班玛、泽库、同德、大通、湟中、循化、祁连、门源等地均有分布（图3-23）。

图3-23　膜荚黄芪

3. 劲直黄芪

学名　*Astragalus strictus* Grahan. ex Benth.

科　豆科 Leguminosae sp.

属　黄芪属 *Astragalus* Linn.

生境分布　生长于海拔2900～4800米间的阳坡草地、河滩灌丛、田边湿草地、砾石滩。青海的囊谦、玉树、玛多、玛沁、同德、贵德、互助等地均有分布（图3-24）。

图3-24　劲直黄芪

4. 茵垫黄芪

学名　*Astragalus mattam* Tsai et Yii

科　豆科 Leguminosae sp.

属　黄芪属 *Astragalus* Linn.

生境分布　生长于海拔4260～4700米的高山草地、冰缘雪线附近。青海的治多、曲麻莱、玛多、玛沁、泽库、河南等地均有分布（图3-25）。

图3-25　茵垫黄芪

5. 红花岩黄芪

学名　*Hedysarum multijugum* Maxim.

科　豆科 Leguminosae sp.

属　岩黄芪属 *Hedysarum* Linn.

生境分布　生长于1800～3800米的荒漠区河岸或砂砾质地。青海的西宁、大通、化隆、门源、民和、乐都等地均有分布（图3-26）。

6. 黄花棘豆

学名　*Oxytropis ochrocephala* Bunge

科　豆科 Leguminosae sp.

属　棘豆属 *Oxytropis* DC.

生境分布　生长于海拔1800～4300米的林缘草地、沟谷灌丛、河滩草甸、山坡砾沙地等。青海的杂多、囊谦、玉树、称多、治多、曲麻莱、玛多、达日、班玛、甘德、久治、玛沁、尖扎、同仁、泽库、河南、德令哈、共和、兴海、同德、贵德、西宁、大通、湟源、湟中、平安、化隆、循化、乐都、民和、互助、刚察、海晏、祁连、门源等地均有分布（图3-27）。

图3-26　红花岩黄芪

图3-27　黄花棘豆

7. 镰形棘豆

学名　*Oxytropis falcata* Bunge

科　豆科 Leguminosae sp.

属　棘豆属 *Oxytropis* DC.

生境分布　生长于2770～4400米的山坡草地、草甸草原、山麓石隙、砂土和河滩上。青海的杂多、囊谦、玉树、称多、治多、曲麻莱、玛多、久治、玛沁、泽库、河南、德令哈、大柴旦、乌兰、天峻、共和、兴海、刚察、海晏、祁连、门源等地均有分布（图3-28）。

图3-28　镰形棘豆

8. 黑萼棘豆

学名　*Oxytropis melanocalyx* Btnge

科　豆科 Leguminosae sp.

属　棘豆属 *Oxytropis* DC.

生境分布　生长于海拔3230～4500米的山坡草地、灌丛、林缘草甸、石隙中。青海的杂多、囊谦、玉树、称多、玛多、久治、玛沁、河南、同德、贵德、湟中等地均有分布（图3-29）。

9. 高山豆

学名　*Tibetia himalaica*（Baker）H. P. Tsui

科　豆科 Leguminosae

属　高山豆属 *Tibetia*（Ali）H. P. Tsui

生境分布　生长于海拔2400～5000米的高山草甸、河谷阶

图3-29　黑萼棘豆

地、林缘灌丛、滩地。青海的杂多、囊谦、玉树、称多、治多、曲麻莱、玛多、达日、班玛、久治、玛沁、尖扎、同仁、泽库、河南、格尔木、茫崖、冷湖、大柴旦、乌兰、天峻、共和、兴海、同德、贵德、贵南、大通、湟源、湟中、平安、化隆、循化、乐都、民和、互助、刚察、海晏、祁连、门源等地均有分布（图3-30）。

图3-30　高山豆

10. 披针叶黄华

学名　*Thermopsis lanceolata* R. Br

科　豆科 Leguminosae

属　黄华属 *Thermopsis* R. Br

生境分布　生长于海拔2200～3500米的山坡、草地、荒地、田边。青海的杂多、囊谦、玉树、称多、治多、曲麻莱、玛多、达日、班玛、甘德、久治、玛沁、尖扎、同仁、泽库、河南、德令哈、茫崖、冷湖、大柴旦、乌兰、天峻、共和、兴海、同德、贵德、贵南、西宁、大通、湟源、湟中、平安、化隆、循化、乐都、民和、互助、刚察、海晏、祁连、门源等地均有分布（图3-31）。

图3-31　披针叶黄华

11. 黄花草木樨

学名　*Melilotus officinalis*（L.）Lam.

科　豆科 Leguminosae

属　草木樨属 *Melilotus*

生境分布　草木樨分布较广。青海的尖扎、同仁、泽库、河南、德令哈、茫崖、冷湖、大柴旦、乌兰、天峻、共和、兴海、同德、贵德、西宁、湟源、湟中、平安、化隆、循化、乐都、民和、互助等地均有分布（图3-32）。

图3-32 黄花草木樨

12. 花苜蓿

学名 *Medicago ruthenica*（L.）Trautv.

科 豆科 Leguminosae

属 苜蓿属 *Medicago*

生境分布 生长于沙地、渠边、路旁、田埂、山坡。青海的天峻、湟源、湟中、平安、乐都、民和、互助等地均有分布（图3-33）。

图3-33 花苜蓿

（八）禾本科（Gramineae）

禾本科为单子叶植物，一年生、二年生或多年生草本或木本植物，有或无地下茎，地上茎通称秆，秆中空有节，很少实心；单叶，叶通常由叶片和叶鞘组成，叶鞘包着秆，除少数种类闭合外，通常一侧开裂；叶片扁平、线形、披针形或狭披针形，脉平行，除少数种类外，脉间无横脉；叶片与叶鞘交接处内面常有一小片称叶舌；叶鞘顶端两侧各有一附属物称叶耳；花序常由小穗排成穗状、总状、指状、圆锥状等型式；小穗有花一至多朵，排列于小穗轴上，基部有1～2片或多片不孕的苞片，称为颖；花两性、单性或中性，常通小，为外稃和内稃包被着，颖和外稃基部质地坚厚部分称基盘，外稃与内稃中有2或3片（很少有6片或无）小薄片（即花被），称鳞被或浆片；雄蕊通常3枚，很少1、2、4或6枚，花丝纤细，花药常丁字状着生，子房1室，有1胚珠，花柱2个，很少1或3个；柱头常为羽毛状或刷帚状；果实为颖果，果皮常与种皮贴生，少数种类的果皮与种皮分离，称囊果，更有少数为浆果或坚果。种子有丰富的胚乳，基部有一细小的胚，胚的对面为种脐。该科约660余属近10000种，广布于全世界。我国有225属约1200种，全国皆产。

1. 紫花针茅

学名　*Stipa purpurea* Griseb.
科　禾本科 Gramineae
属　针茅属 *Stipa*
生境分布　生长于海拔2700～4700米的山坡草甸、山前洪积扇、河谷阶地。青海的杂多、治多、囊谦、玉树、称多、玛多、玛沁、泽库、河南、乌兰、天峻、共和、兴海、贵南、乐都、民和、刚察、祁连、门源等地均有分布（图3-34）。

2. 洽草

学名　*Koeleria litvinowii*
科　禾本科 Gramineae
属　洽草属 *Koeleria* Pers.
生境分布　生长于海拔2230～4300米的山坡。青海的杂多、治多、曲麻莱、囊谦、玉树、称多、久治、玛沁、泽库、河南、共和、兴海、同德、贵德、西宁、大通、湟中、乐都、民和、互助、门源等地均有分布（图3-35）。

图3-34　紫花针茅

图3-35　洽草

3. 垂穗披碱草

学名　*Elymus nutans* Griseb .
科　禾本科 Gramineae
属　披碱草属 *Elymus*
生境分布　垂穗披碱草是禾本科披碱草属多年生草本植物。适应能力强、适应海拔高度的范围为450 ～ 4500米。青海各地均有分布（图3-36）。

4. 芨芨草

学名　*Achnatherum splendens*（trin.）Nevski.

科　禾本科 Gramineae

属　芨芨草属 *Achnatherum* Beauv.

生境分布　生长于海拔1900～4100米的微碱性的草滩、砂土山坡上。青海的囊谦、玉树、称多、玛多、玛沁、尖扎、同仁、泽库、大柴旦、乌兰、天峻、共和、兴海、贵德、贵南、西宁、循化、乐都、民和、刚察、海晏、祁连、门源等地均有分布（图3-37）。

图3-36　垂穗披碱草

图3-37　芨芨草

5. 草地早熟禾

学名　*Poa pratensis* L.

科　禾本科 Gramineae

属　早熟禾属 *Poa* Linn.

生境分布　生长于海拔2080～4300米的山坡草地。青海的杂多、囊谦、玉树、玛多、尖扎、同仁、泽库、格尔木、兴海、西宁、大通、循化、乐都、民和、互助、刚察、祁连、门源等地均有分布（图3-38）。

图3-38　草地早熟禾

6. 冷地早熟禾

学名　*Poa crymophila* Keng

科　禾本科 Gramineae

属　早熟禾属 *Poa* Linn.

生境分布　生长于海拔2600～3600米的山坡灌丛、草地、疏林地。青海的杂多、囊谦、玉树、称多、治多、曲麻莱、班玛、久治、玛沁、尖扎、泽库、河南、格尔木、德令哈、大柴旦、都兰、乌兰、兴海、共和、同德、贵德、贵南、西宁、大通、湟源、湟中、乐都、互助、刚察、祁连、门源等地均有分布（图3-39）。

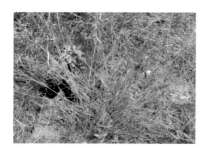

图3-39　冷地早熟禾

7. 狗尾草

学名　*Setaira viridis*（L.）Beauv.

科　禾本科 Gramineae

属　狗尾草属 *Setaria*

生境分布　生长于海拔1800～3600米的田边、半阳坡、山坡、水沟边、路边、河滩。青海的玉树、称多、玛沁、尖扎、同仁、共和、兴海、贵德、贵南、西宁、化隆、循化、乐都、民和等地均有分布（图3-40）。

图3-40　狗尾草

8. 青海固沙草

学名　*Orinus kokonorica*（Hao）Keng

科　禾本科 Gramineae

属　固沙草属 *Orinus* Hitchc.

生境分布　固沙草特产于青海，一般生长在干旱草原上，海拔2700～3450米的平滩、阳坡、向阳缓坡等地。青海的杂多、曲麻莱、囊谦、玉树、称多、久治、泽库、玛沁、河南、共和、兴海、同德、西宁、大通、循化、互助、刚察、门源等地均有分布（图3-41）。

9. 藏异燕麦

学名　*Helictotrichon tibeticum*（Roshev.）Holub

科　禾本科 Gramineae

属　异燕麦属 *Helictotrichon*

生境分布　生长于海拔2800～4520米高山草原、林下、湿润草地。青海的杂多、治多、曲麻莱、囊谦、玉树、称多、玛多、班玛、久治、尖扎、同仁、泽库、河南、大柴旦、乌兰、天峻、共和、兴海、大通、湟中、乐都、互助、刚察、海晏、祁连、门源等地均有分布（图3-42）。

图3-41　青海固沙草

图3-42　藏异燕麦

（九）虎耳草科（Saxifragaceae）

虎耳草科属双子叶植物纲-原始花被亚纲-蔷薇目-虎耳草亚目的一科。草本，灌木，小乔木或藤本。叶互生或对生，通常无托叶。

花两性，有时单性，边花有时不育；花序多样；通常为聚伞状、圆锥状或总状花序，少数单花；花被片通常4～5基数，少数为6～10基数，覆瓦状、镊合状或旋转状排列；萼片有时花瓣状；花瓣通常离生或无；雄蕊5~10枚，或多数；有时存在退化雄蕊或腺体；心皮2～5或多个，近离生或多少合生，子房上位、半下位至下位。多室而具中轴胎座，或1室且具侧膜胎座，少见顶生胎座，胚珠具厚珠心或薄珠心，有时为过渡型，通常多数，2列至多列，少数1粒，具1～2层珠被，孢原通常为单细胞；花柱离生或多少合生。蒴果，浆果，小蓇葖果或核果。该科约含17亚科80属1200余种，分布极广。我国有7亚科28属约500余种。

1. 唐古特虎耳草

学名　*Saxifraga tangutica* Engl.
科　虎耳草科 Saxifragaceae
属　虎耳草属 *Saxifraga* Tourn. ex L.
生境分布　生长于海拔2900～4600米的高山灌丛草甸、湖边、沼泽、山坡等地。青海的杂多、治多、曲麻莱、囊谦、玉树、称多、玛多、班玛、久治、玛沁、尖扎、同仁、河南、乌兰、天峻、共和、兴海、大通、循化、乐都、民和、互助、刚察、祁连、门源等地均有分布（图3-43）。

图3-43　唐古特虎耳草

2. 黑蕊虎耳草

学名　*Saxifraga melanocentra* Franch.

科　虎耳草科 Saxifragaceae

属　虎耳草属 *Saxifraga* Tourn. ex L.

生境分布　生长于海拔1900 ～ 5300米的高山灌丛、高山草甸和高山碎山隙。青海的杂多、治多、曲麻莱、囊谦、玉树、称多、玛多、久治、玛沁、同仁、泽库、河南、兴海、循化、祁连等地均有分布（图3-44）。

图3-44　黑蕊虎耳草

3. 山地虎耳草

学名　*Saxifraga montana* H. Smith

科　虎耳草科 Saxifragaceae

属　虎耳草属 *Saxifraga* Tourn. ex L.

生境分布　生长于海拔2700 ～ 5300米的灌丛、高山草甸、高山沼泽化草甸和高山碎石隙。青海的杂多、治多、囊谦、玉树、称多、玛多、班玛、久治、玛沁、同仁、泽库、河南、乌兰、共和、兴海、大通、湟源、循化、乐都、互助、祁连、门源等地均有分布（图3-45）。

图3-45 山地虎耳草

（十）蒺藜科（Zygophyllaceae）

蒺藜科属双子叶植物纲蔷薇亚纲的一科。草本至矮小灌木；叶对生或互生，单叶、2小叶至羽状复叶；托叶小；花两性，辐射对称，少数左右对称，单生于叶腋或排成顶生的总状花序或圆锥花序；萼片5片，少数4片；花瓣5片；花盘隆起或平压；雄蕊与花瓣同数或2～3倍，着生于花盘下，花丝基部或中部有腺体1个；子房上位，有角或有翅，通常5室，少数2～12室，每室有胚珠2至多颗；果为室间或室背开裂的蒴果，果瓣常有刺，少见核果状浆果。该科有25属240种，主产干燥地区，中国有5属33种，南北均有分布，西北部最盛。

骆驼蓬

学名　*Peganum harmala* L.
科　蒺藜科 Zygophyllaceae
属　骆驼蓬属 *Peganum*
生境分布　生长于海拔1700～3900米荒漠地带干旱草地、干山坡、田边、沙丘。青海的尖扎、同仁、乌兰、共和、贵德、西宁、循化、乐都、民和等地均有分布（图3-46）。

图3-46　骆驼蓬

（十一）景天科（Crassulaceae）

景天科属双子叶植物，多年生肉质植物，喜生于干地或石上；叶互生、对生或轮生，常无柄，单叶，少数为羽状复叶；花通常两性，少见单性，辐射对称，单生或排成聚伞花序；萼片与花瓣同数，通常4～5枚；合生；雄蕊与萼片同数或2倍之；雌蕊通常4～5枚，每一个基部有小鳞片1枚；子房1室，有胚珠数至多颗；果为一蓇葖果，腹缝开裂。该科约35属1600种，广布于全球，我国约10属247种，全国均产。

1. 隐匿景天

学名　*Sedum celatum* Frod.
科　景天科 Crassulaceae
属　景天属 *Sedum*
生境分布　生长于海拔2900～4000米的高山草甸、山坡、沙滩、阶地上。青海的杂多、同仁、泽库、河南、兴海、循化等地均分布（图3-47）。

2. 宽果红景天

学名　*Sedum sinoglaciale*

图3-47 隐匿景天

科 景天科 Crassulaceae

属 景天属 *Sedum*

生境分布 生长于海拔3000 ~ 4700米的山坡或山麓。青海省班玛、同仁等地有分布（图3-48）。

图3-48 宽果红景天

3. 宽瓣红景天

学名 *Rhodiola crenulata*（Hook. f. et Thoms.）H. Ohba

科 景天科 Crassulaceae

属　红景天属 *Rhodiola* L.

生境分布　生长于海拔2800～5600米的山坡草地、灌丛中、石缝中。青海唐古拉镇、西藏巴青县等有分布（图3-49）。

图3-49　宽瓣红景天

4. 唐古特红景天

学名　*Rhodiola algida*（Ledeb.）Fisch. et Mey. var. *tangutica*（Maxim.）Fu

科　景天科 Crassulaceae

属　红景天属 Rhodiola L.

生境分布.　生长于海拔3090～4700米的河滩、高山坡、石缝中。青海的曲麻莱、玉树、乌兰、共和、兴海、湟源、乐都等地均有分布（图3-50）。

5. 小丛红景天

学名　*Rhodiola dumulosa*（Franch.）S. H. Fu

科　景天科 Crassulaceae

属　红景天属 *Rhodiola* L.

生境分布　生长于海拔1600～4300米的山坡灌丛、石缝中。青海的曲麻莱、乐都、互助等地均有分布（图3-51）。

图3-50 唐古特红景天

图3-51 小丛红景天

（十二）桔梗科（Campanulaceae）

桔梗科双子叶植物纲合瓣花亚纲的一科。草本，少数灌木，大多有乳汁。叶互生，对生，少见轮生，无托叶。花序各式，最常见的是聚伞花序，花两性，花萼通常上位，花冠合瓣，辐射对称，胚珠多数。蒴果，少为浆果。该科约有70属2000余种，广布于全球。中国有17属约170种、主产西南部。

长柱沙参

学名 *Adenophora stenanthina*（Ledeb.）Kitagawa

科 桔梗科 Campanulaceae

属 沙参属 *Adenophora*

生境分布 生长于海拔2600～3900米的山地草甸草原、灌丛、河谷中。青海的玉树、囊谦、久治、玛沁、同仁、泽库、河南、德令哈、香日德、乌兰、天峻、共和、兴海、贵德、贵南、西宁、大通、湟源、湟中、乐都、民和、互助、刚察、祁连、门源等地均有分布（图3-52）。

图3-52 长柱沙参

（十三）菊科（Asteraceae）

菊科是双子叶植物纲菊目的一科。菊科多为草本。叶常互生，无托叶。头状花序单生或再排成各种花序，外具一至多层苞片组成的总苞。花两性，少数单性或中性，极少雌雄异株。花萼退化，常变态为毛状、刺毛状或鳞片状，称为冠毛；花冠合瓣，管状、舌状或唇状；雄蕊5枚，着生于花冠筒上；花药合生成筒状，称聚药雄蕊。心皮2个，合生，子房下位，1室，1胚珠。花柱细长，柱头2裂。果为连萼瘦果，顶端常具宿存的冠毛。该科约有1100属20000～25000种，广泛分布在全世界。

1. 川甘蒲公英

学名 *Taraxacum lugubre* Dahlst.

科 菊科 Asteraceae

属 蒲公英属 *Taraxacum* F. H. Wigg.

生境分布 生长于海拔2800～4800米山坡草地或路旁。

青海囊谦、贵德、曲麻莱、玛多、天峻、兴海、互助均有分布（图3-53）。

图3-53 川甘蒲公英

2. 华蒲公英

学名 *Taraxacum sinicum Kitagawa*

科 菊科 Asteraceae

属 蒲公英属 *Taraxacum* F. H. Wigg.

生境分布 生长于海拔300～2900米的稍潮湿的盐碱地或原野、砾石中。青海玛多、祁连等阴坡草甸多有分布（图3-54）。

图3-54 华蒲公英

3. 白花蒲公英

学名　*Taraxacum leucanthum*（Ledeb.）Ledeb

科　菊科 Asteraceae

属　蒲公英属 *Taraxacum* F. H. Wigg.

生境分布　生长于海拔2500 ～ 6000米的山坡湿润草地、沟谷、河滩草地以及沼泽草甸处。青海的囊谦、贵德、曲麻莱、玛多、天峻、兴海、互助等地有分布（图3-55）。

图3-55　白花蒲公英

4. 蒙古蒲公英

学名　*Taraxacum mongolicum*

科　菊科 Asteraceae

属　蒲公英属 *Taraxacum* F. H. Wigg.

生境分布　生长于草甸、河滩或林地边缘。　青海杂多、曲麻莱、玛多、班玛、尖扎、同仁、泽库、乌兰、兴海、贵南、西宁、湟源、循化、乐都、民和、互助、海晏、祁连等均有分布（图3-56）。

图 3-56 蒙古蒲公英

5. 窄叶小苦荬

学名 *Ixeridium gramineum*

科 菊科 Asteraceae

属 小苦荬属 *Ixeridium*（A. Gray）Tzvel.

生境分布 生长于海拔100 ～ 4000米的山坡草地、林缘、林下、河边、沟边、荒地及沙地上。青海的兴海、贵南、贵德、同仁、尖扎、柴达木地区等均有分布（图3-57）。

图3-57 窄叶小苦荬

6. 苣荬菜

学名　*Sonchus brachyotus* DC.

科　菊科 Compositae

属　苦苣菜属 *Sonchus* L.

生境分布　生于农田边、路边。青海的治多、囊谦、玉树、同仁、泽库、兴海、共和、贵南、西宁、大通等地均有分布（图3-58）。

图3-58　苣荬菜

7. 矮小还阳参

学名　*Crepis nana* Richards.

科　菊科 Asteraceae

属　还阳参属 *Crepis*

生境分布　生长于海拔4650米的河滩砾石地及山脚碎石地。青海的玉树、泽库、治多、囊谦、同仁等地均有分布（图3-59）。

8. 弯茎还阳参

学名　*Crepis flexuosa*（Ledeb.）C. B. Clarke

科　菊科 Asteraceae

属　还阳参属 *Crepis*

生境分布　生长于海拔1000～5050米的山坡、河滩草地、河

图3-59 矮小还阳参

滩卵石地、冰川河滩地、水边沼泽地。青海的称多、囊谦、杂多、
治多、曲麻莱、玛多、玛沁、达日、同仁、泽库、格尔木、都兰、
乌兰、可可西里、兴海、共和、同德、循化、互助、门源、祁连、
刚察等地有分布（图3-60）。

图3-60 弯茎还阳参

9. 条叶垂头菊

学名 *Cremanthodium lineare* Maxim.

科 菊科 Asteraceae

属 垂头菊属 *Cremanthodium* Benth.

生境分布　生长于海拔2400～4800米的高山草地、水边、沼泽草地或灌丛中。青海的祁连、门源、河南、泽库等地均有分布（图3-61）。

图3-61　条叶垂头菊

10. 车前状垂头菊

学名　*Cremanthodium ellisii*（Hook. f.）Kitamura

科　菊科 Asteraceae

属　垂头菊属 *Cremanthodium* Benth.

生境分布　生长于海拔3400～5600米的高山草甸、沼泽草地、高山流石滩及河滩等地。青海的治多、杂多、玉树、曲麻莱、玛多、久治、同仁、玛沁、泽库、河南、德令哈、乌兰、共和、兴海、祁连、门源、大通等地均有分布（图3-62）。

图3-62　车前状垂头菊

11. 细叶亚菊

学名　*Ajania tenuifolia*（Jacq.）Tzvel.

科　菊科 Asteraceae

属　亚菊属 *Ajania* Poljak.

生境分布　生长于海拔2000～4580米的山坡草地、河滩、草甸裸地。青海的玉树、囊谦、称多、玛多、玛沁、班玛、久治、尖扎、同仁、泽库、河南、都兰、天峻、兴海、共和、贵南、大通、湟源、循化、乐都、互助、祁连、门源等地均有分布（图3-63）。

图3-63　细叶亚菊

12. 铺散亚菊

学名　*Ajania khartensis*（Dunn）Shih

科　菊科 Asteraceae

属　亚菊属 *Ajania* Poljak.

生境分布　生长于海拔2500～5300米的山坡、沙滩。青海的玉树、治多、曲麻莱、泽库、河南、格尔木（唐古拉）、德令哈、刚察等地均有分布（图3-64）。

13. 玲玲香青

学名　*Anaphalis hancockii* Maxim.

科　　菊科 Asteraceae

属　　香青属 *Anaphalis* DC.

生境分布　　生长于海拔2800～4200米的河滩草地、山谷、山坡、灌丛及高山草甸。青海的玉树、杂多、治多、曲玛莱、玛多、班玛、玛沁、同仁、泽库、河南、兴海、贵德、大通、湟中、乐都、互助、祁连、刚察、门源等地均有分布（图3-65）。

图3-64　铺散亚菊

图3-65　玲玲香青

14. 乳白香青

学名　　*Anaphalis lacteal* Maxim.

科　　菊科 Asteraceae

属　　香青属 *Anaphalis* DC.

生境分布　　生长于海拔2000～4700米的高山草甸、山谷滩地、灌丛中、林下、林缘、河边、田边。青海的玛多、大武、玛沁、尖扎、同仁、泽库、河南、香日德、乌兰、天峻、共和、兴海、贵德、贵南、大通、湟源、湟中、乐都、民和、互助、刚察、海晏、祁连、门源等地均有分布（图3-66）。

图3-66 乳白香青

15. 黄腺香青

学名 *Anaphalis aureo-punctata* Lingelsh et Borza

科 菊科 Asteraceae

属 香青属 *Anaphalis* DC.

生境分布 生长于海拔1850～4000米的林下、灌草丛、草滩和山坡。青海的班玛、久治、同仁、大通、湟中、循化、乐都、民和、互助、门源等地均有分布（图3-67）。

图3-67 黄腺香青

16. 银叶火绒草

学名　*Leontopodium souliei*
科　　菊科 Asteraceae
属　　火绒草属 *Leontopodium*
生境分布　　生长于海拔3100～4000米的灌丛、高山草甸、高山倒石堆、亚高山林地、湿润草地和沼泽地。青海的杂多、玛沁、泽库、河南、共和、大通、乐都、互助、祁连等地均有分布（图3-68）。

图3-68　银叶火绒草

17. 矮火绒草

学名　*Leontopodium nanum*（Hook. f. etThoms.）Hand.-Mazz.
科　　菊科 Asteraceae
属　　火绒草属 *Leontopodium*
生境分布　　生长于海拔3200～5000米的山坡草地、高山草甸、高山石坡、河滩、湖边沙地。青海的玉树、囊谦、称多、杂多、治多、曲麻莱、玛多、班玛、玛沁、久治、尖扎、同仁、泽库、可可西里、乌兰、天峻、共和、贵南、互助、刚察、门源等地均有分布（图3-69）。

图3-69　矮火绒草

18. 阿尔泰狗娃花

学名　*Heteropappus altaicus*（Willd.）Novopokr.

科　菊科 Asteraceae

属　狗娃花属 *Heteropappus*

生境分布　生长于海拔1800 ～ 4150米的草原、荒漠地、沙地及干旱山地。青海的玉树、囊谦、杂多、玛沁、久治、尖扎、同仁、泽库、河南、格尔木、德令哈、大柴旦、都兰、兴海、共和、贵德、贵南、西宁、大通、湟中、平安、化隆、循化、乐都、民和、互助等地均有分布（图3-70）。

图3-70　阿尔泰狗娃花

19. 柔软紫菀

学名　*Aster flaccidus* Bunge

科　菊科 Asteraceae

属　紫菀属 *Aster* L.

生境分布　生长于海拔2000～5200米的高山草甸、高山流石滩、高山石缝、高山沼泽地、沟边草甸、河谷阶地、山谷灌丛中、山坡草甸、亚高山草甸。青海的玉树、囊谦、称多、杂多、治多、曲麻莱、玛多、玛沁、久治、尖扎、同仁、泽库、河南、乌兰、天峻、兴海、共和、大通、湟中、循化、乐都、民和、互助、刚察、海晏、祁连、门源等地均有分布（图3-71）。

图3-71　柔软紫菀

20. 重冠紫菀

学名　*Aster diplostephioides*（DC.）C. B. Clarke

科　菊科 Asteraceae

属　紫菀属 *Aster* L.

生境分布　生长于海拔2700～4600米的高山及亚高山草地或灌丛中。青海东部地区有分布（图3-72）。

21. 夏河紫菀

学名　*Aster yunnanensis* var. *labrangensis*

科　菊科 Asteraceae

属　紫菀属 *Aster* L.

生境分布　生长于海拔2800～5000米的河滩、草甸、高山草甸、高山流石滩等地。全省各地均有分布（图3-73）。

图3-72 重冠紫菀

图3-73 夏河紫菀

22. 中亚紫菀木

学名 *Asterothamnus centrali-asiaticus* Novopokr.

科 菊科 Asteraceae

属　紫菀木属 *Asterothamnus* Novopokr.

生境分布　生长于海拔1300～3900米的草原及荒漠地区。青海的尖扎、同仁、格尔木、德令哈、乌兰、都兰、香日德、兴海、共和、贵德等地均有分布（图3-74）。

图3-74　中亚紫菀木

23. 无茎黄鹌菜

学名　*Youngia simulatrix*（Babcock）Babcock et Stebbins

科　菊科 Asteraceae

属　黄鹌菜属 *Youngia*

生境分布　生长于海拔3100～4500米的草原、阶地、沙丘、河滩、高山草甸、草原化草甸。青海的杂多、囊谦、玉树、治多、曲麻莱、玛多、玛沁、泽库、河南、共和、兴海、贵南、乐都、刚察、祁连、门源等地均有分布（图3-75）。

图3-75　无茎黄鹌菜

24. 黄帚橐吾

学名　*Ligularia virgaurea*（Maxim.）Mattf.

科　　菊科 Asteraceae

属　　橐吾属 *Ligularia* Cass

生境分布　生长于海拔2600～4700米的河滩、沼泽草甸、高山草甸、退化草原、退化高寒草原、沼泽地、林缘等。青海的玉树、果洛藏族自治州（以下简称果洛）、黄南、海南藏族自治州（以下简称海南）、海北藏族自治州（以下简称海北）等州县均有分布（图3-76）。

图3-76　黄帚橐吾

25. 掌叶橐吾

学名　*Ligularia przewalskii*（Maxim.）Diels

科　　菊科 Asteraceae

属　　橐吾属 *Ligularia* Cass

生境分布　生长于海拔1100～3700米的河滩、山麓、林缘、林下及灌丛。青海的玉树、黄南、海南、海东、海北等州县均有分布（图3-77）。

26. 缘毛橐吾

学名　*Ligularia liatroides*（C. Winkl）Hand.-Mazz.

图3-77　掌叶橐吾

科　菊科 Asteraceae

属　橐吾属 *Ligularia* Cass

生境分布　生长于海拔3700～4450米的阴坡潮湿处、草甸、灌丛草甸及林缘。青海的杂多、称多、玉树、囊谦、久治等地有分布（图3-78）。

图3-78　缘毛橐吾

27. 褐毛橐吾

学名　*Ligularia purdomii*（Turrill）Chittenden

科　菊科 Asteraceae

属　橐吾属 *Ligularia* Cass

生境分布　生长于海拔3650～4100米的河边、沼泽浅水处。青海的久治等地有分布（图3-79）。

图3-79　褐毛橐吾

28. 盐地凤毛菊

学名　*Saussurea salsa*（Pall.）Spreng.

科　菊科 Asteraceae

属　凤毛菊属 *Saussurea*

生境分布　生长于海拔2740～3250米的高山和低山盐渍化低地、平原荒漠戈壁、盐渍化沙地以及沼泽化草甸。青海的柴达木盆地、格尔木、芒崖、共和等地有分布（图3-80）。

图3-80　盐地凤毛菊

29. 美丽凤毛菊

学名　*Saussurea superba* Anthony

科　菊科 Asteraceae

属　凤毛菊属 *Saussurea*

生境分布　生长于海拔2850～4600米山坡草地、滩地、河滩、高山草甸。青海的玉树、囊谦、称多、杂多、治多、曲麻莱、玛多、玛沁、班玛、久治、泽库、河南、德令哈、天峻、兴海、共和、乐都、互助、刚察、祁连、门源等地均有分布（图3-81）。

图3-81　美丽凤毛菊

30. 重齿凤毛菊

学名　*Saussurea katochaete* Maxim.

科　菊科 Asteraceae

属　凤毛菊属 *Saussurea*

生境分布　生长于海拔2230～4700米的山坡草地、山谷沼泽地、河滩草甸、林缘。青海的玉树、囊谦、称多、杂多、治多、曲麻莱、玛多、玛沁、久治、泽库、兴海、贵德、湟中、循化、乐都、互助、祁连、门源等地均有分布（图3-82）。

31. 狮牙凤毛菊

学名　*Saussurea leontodontoides*（DC.）Sch.-Bip.

图3-82　重齿风毛菊

科　菊科 Asteraceae

属　凤毛菊属 *Saussurea*

生境分布　生于海拔3280～5450米的山坡砾石地、林间砾石地、草地、林缘、灌丛边缘。青海的囊谦、玉树、称多、曲麻莱、治多、玛沁、久治、泽库、门源等地均有分布（图3-83）。

图3-83　狮牙凤毛菊

32. 矮丛凤毛菊

学名　*Saussurea eopygmaea* Hand.-Mazz.

科　菊科 Asteraceae

属　凤毛菊属 *Saussurea*

生境分布　生长于海拔3300～4950米的草甸、高山草甸、灌丛中、山坡、沼泽地。青海的玉树、囊谦、称多、杂多、治多、曲麻莱、玛多、玛沁、班玛、同仁、泽库、河南、贵南、共和、门源等地均有分布（图3-84）。

图3-84　矮丛凤毛菊

33. 星状凤毛菊

学名　*Saussurea stella* Maxim.

科　菊科 Asteraceae

属　凤毛菊属 *Saussurea*

生境分布　生长于海拔2000～5400米的高山草地、山坡灌丛草地、河边或沼泽草地、河滩地。青海的玉树、囊谦、称多、杂多、治多、曲麻莱、玛多、玛沁、久治、泽库、河南、共和、互助、刚察、祁连、门源等地均有分布（图3-85）。

图3-85　星状凤毛菊

34. 沙生凤毛菊

学名　*Saussurea arenaria* Maxim.

科　菊科 Asteraceae

属　凤毛菊属 *Saussurea*

生境分布　生长于海拔3200～4500米的河滩、沙地、山坡草地及山顶草甸。青海的囊谦、治多、曲麻莱、玛多、玛沁、泽库、都兰、德令哈、大柴旦、兴海、共和、祁连等地均有分布（图3-86）。

图3-86　沙生凤毛菊

35. 青藏凤毛菊

学名　*Saussurea haoi* Ling ex Y. L. Chen et S. Y. Liang

科　菊科 Asteraceae

属　凤毛菊属 *Saussurea*

生境分布　生长于海拔3600～4500米的河滩沙地、山坡草地及坡石地。青海的囊谦、称多、杂多、曲麻莱、玛多、玛沁、都兰、兴海、共和、祁连等地均有分布（图3-87）。

36. 林生凤毛菊

学名　*Saussurea sylvatica* Maxim.

科　菊科 Asteraceae

属　凤毛菊属 *Saussurea*

生境分布　生长于海拔2150 ～ 4500米高山流石滩、高山草甸或山坡草地。青海的称多、治多、曲麻莱、玛多、玛沁、同仁、泽库、德令哈、乌兰、天峻、兴海、共和、大通、湟源、源中、化隆、互助、祁连、祁连、门源等地有分布（图3-88）。

图3-87　青藏凤毛菊　　　　　　　　图3-88　林生凤毛菊

37. 钻叶凤毛菊

学名　*Saussurea subulata* C. B. Clarke.

科　菊科 Asteraceae

属　凤毛菊属 *Saussurea*

生境分布　生长于海拔4600 ～ 5250米的河谷砾石地、山坡草地及草甸、河谷湿地、盐碱湿地及湖边湿地。青海的玉树、囊谦、杂多、曲麻莱、玛多、班玛、久治、兴海、共和、祁连、门源等地均有分布（图3-89）。

38. 瑞苓草

学名　*Saussurea nigrescens* Maxim.

科　菊科 Asteraceae

属　凤毛菊属 *Saussurea*

生境分布　生长于海拔2900 ～ 3950米的高山草坡。青海的同仁、泽库、德令哈、乌兰、兴海、共和、大通、贵南、湟中、乐都、互助、刚察、门源等地均有分布（图3-90）。

图3-89 钻叶凤毛菊

图3-90 瑞苓草

39. 水母雪兔子

学名　*Saussurea medusa* Maxim.

科　菊科 Asteraceae

属　凤毛菊属 *Saussurea*

生境分布　生长于海拔3700～5200米高山流石滩。青海的玉树、囊谦、称多、杂多、治多、曲麻莱、玛多、玛沁、兴海、同仁、泽库、河南、大通、湟源、湟中、互助、祁连、门源等地均有分布（图3-91）。

图3-91　水母雪兔子

40. 羌塘雪兔子

　　学名　*Saussurea wellbyi* Hemsl.
　　科　菊科 Asteraceae
　　属　风毛菊属 *Saussurea*
　　生境分布　生长于海拔4300～5300米的山坡沙地、高山流石滩及山坡草地。青海的玉树、囊谦、称多、治多、曲麻莱、玛沁、玛多、可可西里、兴海等地均有分布（图3-92）。

41. 草甸雪兔子

　　学名　*Saussurea thoroldii* Hemsl.
　　科　菊科 Asteraceae
　　属　风毛菊属 *Saussurea*
　　生境分布　生长于海拔4300～5200米的湖河滩地或盐碱地。

青海的治多、玛多、德令哈、兴海、共和、祁连、刚察等均有分布（图3-93）。

图3-92 羌塘雪兔子

图3-93 草甸雪兔子

42. 糖芥绢毛菊

学名 *Soroseris hookeriana* ssp. Erysimoides

科 菊科 Asteraceae

属　绢毛苣属 *Soroseris* Stebb.

生境分布　生长于海拔3000～4700米的高山碎石带、草甸、灌丛。青海的杂多、囊谦、玉树、玛多、久治、玛沁、同仁、泽库、河南、乌兰、兴海、互助、门源等地均有分布（图3-94）。

图3-94　糖芥绢毛菊

43. 黄缨菊

学名　*Xanthopappus subacaulis* C. Winkl

科　菊科 Asteraceae

属　黄缨菊属 *Xanthopappus*

生境分布　生长于海拔2230～4150米的草甸、草原荒地、田边及干燥山坡。青海的玉树、囊谦、杂多、治多、玛多、河南、天峻、兴海、西宁、互助、祁连、刚察、门源等地均有分布（图3-95）。

图3-95　黄缨菊

44. 葵花大蓟

学名　*Cirsium souliei*

科　菊科 Asteraceae

属　蓟属 *Cirsium* Mill.

生境分布　生长于海拔1930～4800米山坡路旁、林缘、荒地、河滩地、田间、水旁潮湿地。青海的杂多、玉树、囊谦、治多、曲麻莱、玛沁、久治、同仁、泽库、河南、兴海、大通、乐都、互助、门源等地均有分布（图3-96）。

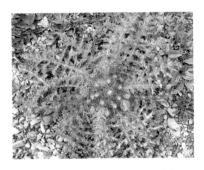

图3-96　葵花大蓟

45. 藏蓟

学名　*Cirsium lanatum*（Roxb. ex Willd.）Spreng.

科　菊科 Asteraceae

属　蓟属 *Cirsium* Mill.

生境分布　生长于海拔500～4300米山坡草地、干旱荒漠、河滩及路旁。青海的同仁、泽库、格尔木、行令哈、都兰、乌兰、兴海、循化、民和、互助、刚察等地均有分布（图3-97）。

46. 飞廉

学名　*Carduus crispus* Linn.

科　菊科 Asteraceae

属　飞廉属 *Carduus* Linn.

生境分布　生长于海拔2230～4000米的阶地、河滩、坡地、田野、路旁。青海的杂多、囊谦、玉树、治多、班玛、玛沁、同仁、泽库、河南、西宁、大通、乐都、民和、互助、门源等地均有分布（图3-98）。

图3-97　藏蓟

图3-98　飞廉

47. 灌木小甘菊

学名　*Cancrinia maximowiczii* C. Winkl.

科　菊科 Asteraceae

属　小甘菊属 *Cancrinia*

生境分布　生长于海拔1850～3500米的山坡、石缝、滩地。

青海的玛沁、尖扎、同仁、泽库、德令哈、香日德、都兰、乌兰、共和、兴海、同德、贵德、循化、东都、互助、门源、西宁等地均有分布（图3-99）。

图3-99　灌木小甘菊

48. 沙蒿

学名　*Artemisia desertorum* Spreng. Syst. Veg.

科　菊科 Asteraceae

属　蒿属 *Artemisia* Linn.

生境分布　生长于海拔2400～4500米的阳坡林下、石质山坡、田边、河滩湿地、干旱山坡。青海的杂多、囊谦、玉树、曲麻莱、玛多、班玛、久治、玛沁、同仁、泽库、河南、香日德、乌兰、共和、兴海、大通、乐都、互助、祁连、门源等地均有分布（图3-100）。

图3-100　沙蒿

49. 大籽蒿

学名　*Artemisia sieversiana* Ehrhart ex Willd.

科　菊科 Asteraceae

属　蒿属 *Artemisia* Linn.

生境分布　散生或群居于农田、路旁、畜群点或撂荒地上。青海省各地均有分布（图3-101）。

50. 冷蒿

学名　*Artemisia frigida* Willd.

科　菊科 Asteraceae

属　蒿属 *Artemisia* Linn.

生境分布　生长于海拔2230 ～ 4300米的干旱草坡、干旱草原、干旱山坡、固定沙地、河谷、荒漠等。青海的班玛、德令哈、共和、兴海、同德、西宁、乐都等地均有分布（图3-102）。

图3-101　大籽蒿 　　　　　　　　图3-102　冷蒿

51. 臭蒿

学名　*Artemisia hedinii* Ostenf. et Pauls.

科　菊科 Asteraceae

属　蒿属 *Artemisia* Linn.

生境分布　多分布在海拔2000 ～ 5000米的湖边草地、河滩、砾质坡地、田边、路旁、林缘等。青海的杂多、囊谦、治多、曲麻莱、玛多、久治、泽库、河南、共和、同德、贵南、湟源、刚察、祁连、门源等地均有分布（图3-103）。

图3-103　臭蒿

52. 天山千里光

学名　*Senecio tianshanicus* Regel et Schmalh.

科　菊科 Asteraceae

属　千里光属 *Senecio*

生境分布　生长于海拔2700～4500米的河滩、山谷、灌丛、林缘、山顶。青海的玉树、称多、杂多、曲麻莱、玛多、班玛、玛沁、同仁、泽库、德令哈、都兰、共和、兴海、湟源、乐都、互助、门源、祁连等地均有分布（图3-104）。

53. 橙红狗舌草

学名　*Tephroseris rufa*

科　菊科 Asteraceae

属　狗舌草属 *Tephroseris*

图3-104　天山千里光

生境分布　生长于海拔2650～4000米的高山草甸、灌丛、林下。青海的玉树、囊谦、称多、杂多、治多、曲麻莱、玛多、班玛、玛沁、久治、尖扎、同仁、泽库、河南、乌兰、天峻、天峻、兴海、共和、同德、贵南、刚察、门源等地均有分布（图3-105）。

图3-105　橙红狗舌草

（十四）蓝雪科（Plumbaginaceae）

蓝雪科也叫白花丹科，双子叶植物。多年生草本植物，有少数为小灌木或藤本，有的有茎或没有茎；单叶互生或旋叠状；花两性，辐射对称，排成穗状花序、头状花序或圆锥花序；萼基部有苞片，管状或漏斗状，5齿裂，5～15棱，常干膜质；花冠通常合瓣，管状，或仅于基部合生，裂片5片；雄蕊5枚，与花瓣对生，下位或着生于冠管上；子房上位，1室，有胚珠1颗；花柱5个，分离或合生；果包藏于萼内，开裂或不开裂。该科约24属约800余种，广泛分布在全世界各地，尤其适合生长在盐碱地、沼泽和钙基土壤上，中国有7属约37种，分布全国各地。

1. 黄花补血草

学名　*Limonium aureum*（L.）Hill.（Statice aurea L.）

科　白花丹科 Plumbaginaceae

属　补血草属 *Limonium*

生境分布　生长于海拔2230～4200米的山坡、谷地及河滩盐碱地。青海的玉树、玛多、格尔木、德令哈、大柴旦、乌兰、都兰、西宁、门源、刚察、共和等地有分布（图3-106）。

图3-106　黄花补血草

2. 鸡娃草

学名　*Plumbagella micrantha*（Lebeb.）Spach

科　蓝雪科 Plumbaginaceae

属 小蓝雪花属 *Plumbagella* Spach

生境分布 生长于海拔2000～3500米的湿寒山区的山谷和山坡下部及山坡、地边、田间等地。青海各地均有分布（图3-107）。

图3-107 鸡娃草

（十五）藜科（Chenopodiaceae）

藜科是双子叶植物纲石竹亚纲的一科。多为草本，少数为半灌木或灌木，少数为小乔木。茎枝有时具关节。单叶，互生或对生，扁平或柱状，较少退化为鳞片状，草质或肉质，无托叶。花单被，3～5裂，果期增大、变硬或在背部生出翅状、刺状、疣状等附属物。雄蕊与花被裂片同数或较少。子房上位；胚珠1枚，弯生。果实多为胞果，少数为盖果。种子直立、横生或斜生，较小；胚环形、半环形或螺旋形。具肉质或粉质的外胚乳或无。该科约100属1400多种植物。中国有39属170种，在华北和西北均有分布。

1. 灰绿藜

学名 *Chenopodium glaucum*

科 藜科 Chenopodiaceae

属　藜属 *Chenopodium* L.

生境分布　生长于海拔540～1400米的农田边、水渠沟旁、平原荒地、山间谷地、盐碱性滩地等。产玉树、同仁、同德、泽库、共和、德令哈、都兰、乌兰、西宁及海东市（图3-108）。

图3-108　灰绿藜

2. 盐生草

学名　*Halogeton glomeratus*

科　藜科 Chenopodiaceae

属　盐生草属 *Halogeton*

生境分布　生长于海拔2300～3200米的山脚、戈壁滩等。青海的共和、兴海、海晏、刚察、西宁等地均有分布（图3-109）。

（十六）蓼科（Polygonaceae）

蓼科是双子叶植物纲石竹亚纲蓼目的一科。一年生或多年生草本，少数为灌木或小乔木。茎通常具膨大的节。叶为单叶，互生，有托叶鞘。花两性，少数为单性，辐射对称；花序由若干小聚伞花序排成总状、穗状或圆锥状，花有时单生；花被片3～6片；雄蕊6～9枚，极少为16枚，有花盘；雌蕊1枚，子房上位，1室，花柱2～4个。瘦果卵形，具3棱或扁平，通常包于宿存的花被内；胚弯生或直立、胚乳丰富。该科约40属800种，生境分布于北温带、少

图3-109　盐生草

数在热带。中国产11属200余种。

1. 珠牙蓼

　　学名　*Polygonum viviparum* Linn.
　　科　蓼科 Polygonaceae
　　属　蓼属 *Polygonum* L.
　　生境分布　生长于海拔2300～4600米的山地、草甸及林缘。青海的杂多、治多、曲麻莱、囊谦、玉树、称多、班玛、久治、玛沁、同仁、泽库、河南、天峻、同德、大通、湟源、湟中、乐都、互助、刚察、祁连、门源等地均有分布（图3-110）。

2. 叉分蓼

　　学名　*Polygonum divaricatum* Linn.
　　科　蓼科 Polygonaceae
　　属　蓼属 *Polygonum* L.
　　生境分布　生长于海拔3200～3900米的草甸草原、沙地、林缘草甸等地。青海的玉树、囊谦、班玛、称多、久治等地均有分布（图3-111）。

图3-110 珠牙蓼

图3-111 叉分蓼

3. 圆穗蓼

学名　*Polygonum macrophyllum* D. Don

科　蓼科 Polygonaceae

属　蓼属 *Polygonum*

生境分布　生长于海拔2300～5000米的山坡草地、高山草甸。青海的杂多、治多、曲麻莱、称多、玛多、班玛、玛沁、同仁、泽库、兴海、同德、大通、乐都、互助、刚察、祁连、门源、共和等地均有分布（图3-112）。

图3-112　圆穗蓼

4. 西伯利亚蓼

　　学名　*Polygonum sibiricum* Laxm.

　　科　蓼科 Polygonaceae

　　属　蓼属 *Polygonum*

　　生境分布　生长于海拔30～5100米的路边、湖边、河滩、山谷湿地、沙质盐碱地。青海各地均有分布（图3-113）。

图3-113　西伯利亚蓼

5. 冰岛蓼

学名　*Koenigia islandica* L. Mant

科　蓼科 Polygonaceae

属　冰岛蓼属 *Koenigia* L.

生境分布　生长于海拔3000～4900米的生于高山草甸、山顶草地、山沟水边、山坡草地等。青海的玉树、曲麻莱、称多、久治、同仁、河南、兴海、乐都、互助、海晏、门源等地均有分布（图3-114）。

图3-114　冰岛蓼

6. 硬毛蓼

学名　*Polygonum hookeri* Meisn.

科　蓼科 Polygonaceae

属　蓼属 *Polygonum*

生境分布　生长于海拔3500～5000米的山坡草地、山谷灌丛、山顶草甸。青海的称多、玉树、玛沁、久治、曲麻莱、兴海、治多、杂多、囊谦、同仁、尖扎、河南等地均有分布（图3-115）。

图3-115　硬毛蓼

7. 萹蓄

学名　*Polygonum aviculare* L.

科　蓼科 Polygonaceae

属　蓼属 *Polygonum*

生境分布　生长于田野、路旁、荒地、河边潮湿阳光充足之处。全省各地均产（图3-116）。

8. 皱叶酸模

学名　*Rumex crispus* L.

科　蓼科 Polygonaceae

属　酸模属 *Rumex* L.

生境分布　生长于海拔30 ～ 3500米的河滩、沟边湿地等。青海的囊谦、班玛、久治、尖扎、同仁、泽库、河南、西宁、大通、乐都、互助等地均有分布（图3-117）。

9. 巴天酸模

学名　*Rumex patientia* Linn.

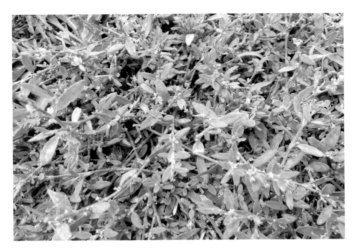

图3-116 萹蓄

图3-117 皱叶酸模

科 蓼科 Polygonaceae
属 酸模属 *Rumex* L.
生境分布 生长于海拔1600～3500米的草甸、路旁、潮湿地和水沟边。青海的杂多、囊谦、玉树、班玛、同仁、泽库、天峻、兴海、西宁、大通、循化、民和、祁连等地均有分布（图3-118）。

图3-118　巴天酸模

10. 小大黄

学名　*Rheum pumilum* Maxim.

科　蓼科 Polygonaceae

属　大黄属 *Rheum* L.

生境分布　生长于海拔4000～4300米的高山流石坡、高山草甸或高山灌丛。青海的玉树、果洛、黄南、海南和乌兰、天峻、祁连、门源、大通、湟中、乐都、互助等有均有分布（图3-119）。

11. 唐古特大黄

学名　*Rheum tanguticum* Maxim. ex Balf.

科　蓼科 Polygonaceae

属　大黄属 *Rheum*

生境分布　多生长在海拔2000～3900米的山地林缘、灌丛、草坡地带。青海的班玛、久治、玛沁、泽库、河南、同德、循化、乐都、民和、互助均有分布（图3-120）。

12. 歧穗大黄

学名　*Rheum scabrerrimum* Lingelsh.

科　蓼科 Polygonaceae

图3-119 小大黄

图3-120 唐古特大黄

属 大黄属 *Rheum*

生境分布 生长于海拔1550～5000米的山坡、山沟或林下石缝或山间洪积平原沙地。青海的玛多、玛沁、治多、共和、祁连、门源等地均有分布（图3-121）。

图3-121　歧穗大黄

（十七）柳叶菜科（Onagraceae）

柳叶菜科双子叶植物纲蔷薇亚纲的一科。一年生或多年生草本，少数为灌木状。叶对生或互生，无托叶。花两性，辐射对称或近左右对称，通常单生于叶腋或排成总状或穗状花序；花萼筒与子房合生，裂片4～5片；花瓣与花萼裂片互生；雄蕊与花瓣同数或为其2倍，少数12枚；子房下位，1～6室，中轴胎座，每室具一至多数胚珠。蒴果、小坚果、浆果或核果状。该科有19属650余种，广布于热带和温带地区。中国有4属47种，分布于南北各省。

柳兰

学名　*Epilobium angustifolium* L.

科　柳叶菜科 Onagraceae

属　柳兰属 Chamaenerion Seguier

生境分布　生长于海拔2700～4250米的山坡、林缘、林下及河谷湿草地。青海的玉树、班玛、泽库、河南、同德、大通、湟中、平安、乐都、民和、互助、祁连等地均有分布（图3-122）。

（十八）龙胆科（Gentianaceae）

龙胆科属双子叶植物纲的一科。一年生或多年生草本。单叶，

图3-122 柳兰

少数为复叶，对生，少有互生或轮生，全缘，基部合生，筒状抱茎或为一横线所联结；无托叶。花序一般为聚伞花序或复聚伞花序，有时减退至顶生的单花；花两性，极少数为单性，辐射状或在个别属中为两侧对称，一般4～5数，少数达6～10数；花萼筒状、钟状或辐状；花冠筒状、漏斗状或辐状，基部全缘，少数有距，裂片在蕾中右向旋转排列，偶见镊合状排列；雄蕊着生于冠筒上与裂片互生，花药背着或基着，二室，雌蕊由2个心皮组成，子房上位，一室，侧膜胎座，少数心皮结合处深入而形成中轴胎座，致使子房变成二室；柱头全缘或2裂；胚珠常多数；腺体或腺窝着生于子房基部或花冠上。蒴果2瓣裂，少数不开裂。种子小，常多数，具丰富的胚乳。该科约80属700种，广布世界各地。我国有22属427种，绝大多数集中于西南山岳地区。

1. 管花秦艽

学名 *Gentiana siphonantha* Maxim. ex Kusnez.

科 龙胆科 Gentianaceae

属 龙胆属 *Gentiana*

生境分布 生长于海拔1800～4500米的干草原、草甸、灌丛及河滩。青海的玉树、曲麻莱、玛多、玛沁、泽库、德令哈、格尔木、乌兰、都兰、共和、兴海、湟中、乐都、祁连等地均有分布（图3-123）。

图3-123　管花秦艽

2. 达乌里秦艽

学名　*Gentiana dahurica* Fisch.

科　龙胆科 Gentianaceae

属　龙胆属 *Gentiana*

生境分布　生长于海拔870～4500米的田边、路旁、河滩、湖边沙地、水沟边、向阳山坡及干草原等地。青海的玛多、玛沁、泽库、玉树、曲麻莱、都兰、共和、兴海、湟中、乐都、祁连等地均有分布（图3-124）。

图3-124　达乌里秦艽

3. 麻花艽

学名　*Gentiana straminea* Maxim.

科　龙胆科 Gentianaceae

属　龙胆属 *Gentiana*

生境分布　生长于海拔2000～4950米的高山草甸、灌丛、林下、林间空地、山沟、多石干山坡及河滩等。青海的杂多、治多、曲麻莱、囊谦、玉树、称多、玛多、玛沁、久治、同仁、泽库、河南、德令哈、都兰、兴海、共和、贵南、贵德、化隆、湟源、湟中、大通、乐都、祁连等地均有分布（图3-125）。

图3-125　麻花艽

4. 六叶龙胆

学名　*Gentiana hexaphylla* Maxim. ex Kusnez .

科　龙胆科 Gentianaceae

属　龙胆属 *Gentiana*

生境分布　生长于海拔2700～4400米的山坡草地、山坡路旁、高山草甸及灌丛中。青海的杂多、曲麻莱、囊谦、玉树、玛多、玛沁、久治、泽库、河南、德令哈、兴海、共和、贵南、贵德、湟源、湟中、大通、祁连等地均有分布（图3-126）。

图3-126　六叶龙胆

5. 青藏龙胆

学名　*Gentiana futtereri* Diels et Gilg

科　龙胆科 Gentianaceae

属　龙胆属 *Gentiana*

生境分布　生长于海拔2800～4400米的山坡草地、河滩草地、高山草甸、灌丛中及林下。青海的称多、玉树、玛沁、达日等地均有分布（图3-127）。

图3-127　青藏龙胆

6. 线叶假龙胆

学名　*Gentiana farreri* Balf. f.

科　龙胆科 Gentianaceae

属　龙胆属 *Gentiana*

生境分布 生长于海拔2410～4600米的地区、多生长在灌丛中、高山草甸以及滩地。青海的称多、玛沁、达日等地均有分布（图3-128）。

图3-128 线叶假龙胆

7. 大花龙胆

学名 *Gentiana szechenyii* Kanitz
科 龙胆科 Gentianaceae
属 龙胆属 *Gentiana*
生境分布 生长于海拔3000～4800米的山坡草地。青海的杂多、治多、曲麻莱、玉树、玛多、玛沁、泽库、河南、兴海等地均有分布（图3-129）。

8. 开张龙胆

学名 *Gentiana aperta* Maxim.
科 龙胆科 Gentianaceae
属 龙胆属 *Gentiana*
生境分布 生长于海拔2000～4000米的山麓草地、山坡草地、灌丛中及河滩。青海的玛沁、天峻、乌兰、共和、化隆、湟中、乐都、民和、祁连、门源等地均有分布（图3-130）。

图3-129　大花龙胆

图3-130　开张龙胆

9. 刺芒龙胆

　　学名　*Gentiana aristata* Maxim.

　　科　龙胆科 Gentianaceae

　　属　龙胆属 *Gentiana*

　　生境分布　生长于海拔1800～4600米的草甸草原、高山草甸、林间草丛、灌丛草甸等。青海的玉树、称多、杂多、玛沁、大武、久治、同仁、泽库、河南、大通、湟源、化隆、循化、乐都、

图3-131 刺芒龙胆

互助、祁连、门源等地均有分布（图3-131）。

10. 紫红假龙胆

学名　*Gentianellaarenaria*（Maxim.）T. N. Ho
科　龙胆科 Gentianaceae
属　假龙胆属 *Gentianella* Moench
生境分布　生长于海拔3400 ～ 5400米的河滩沙地、高山流石滩。青海的杂多、治多、曲麻莱、玉树、囊谦、称多、玛沁、共和、祁连、门源等地均有分布（图3-132）。

图3-132 紫红假龙胆

11. 四数獐芽菜

学名　*Swertia tetraptera* Maxim.

科　龙胆科 Gentianaceae

属　獐牙菜属 Swertia

生境分布　生长于海拔2000～4000米的潮湿山坡、河滩、灌丛中、疏林下。青海的杂多、囊谦、玉树、称多、班马、玛沁、久治、同仁、泽库、河南、兴海、共和、贵德、大通、湟源、湟中、化隆、乐都、民和、互助、刚察、海晏、祁连、门源等地均有分布（图3-133）。

图3-133　四数獐芽菜

12. 抱茎獐芽菜

学名　*Swertia franchetiana* H. Smith

科　龙胆科 Gentianaceae

属　獐牙菜属 Swertia

生境分布　生长于海拔2200～3600米的沟边、山坡、林缘、灌丛。青海的玉树、称多、玛沁、泽库、共和、西宁、大通、湟中、化隆、乐都、互助等地均有分布（图3-134）。

13. 肋柱花

学名　*Lomatogonium rotatum*

科　龙胆科 Gentianaceae

属　肋柱花属 *Lomatogonium*

生境分布 生长于海拔430～5400米的山坡草地、灌丛草甸、河滩草地、高山草甸。青海的称多、玉树、杂多、治多、曲麻莱、玛多、玛沁、泽库、河南、青海湖地区均有分布（图3-135）。

图3-134 抱茎獐芽菜

图3-135 肋柱花

14. 湿生扁蕾

学名 *Gentianopsis paludosa*（Hook. f.）Ma

科 龙胆科 Gentianaceae

属 扁蕾属 *Gentianopsis*

生境分布 生长于海拔1180～4900米的河滩、山坡草地、林下。青海的杂多、治多、曲麻莱、玉树、囊谦、称多、玛多、玛沁、班玛、同仁、泽库、河南、天峻、兴海、共和、贵德、湟源、湟中、化隆、乐都、互助、刚察、祁连（图3-136）。

湿生扁蕾（蓝花）　　　　　　　　湿生扁蕾（白花）

图3-136　湿生扁蕾

15. 喉毛花

学名　*Comastoma pulmonarium*
科　龙胆科 Gentianaceae
属　喉毛花属 *Comastoma*
生境分布　生长于海拔3000～4800米的河滩、山坡草地、林下、灌丛及高山草甸。青海的杂多、治多、曲麻莱、玉树、囊谦、称多、玛沁、班玛、久治、同仁、泽库、共和、兴海、贵德、湟中、大通、循化、化隆、乐都、民和、互助、门源等地均有分布（图3-137）。

16. 椭圆叶花锚

学名　*Halenia elliptica* D.
科　龙胆科 Gentianaceae
属　花锚属 *Halenia* Borkh.
生境分布　生长于海拔200～1750米的山坡草地、林下及林缘。青海的杂多、玉树、囊谦、称多、玛沁、班玛、同仁、泽库、湟源、湟中、化隆、大通、互助、祁连等地均有分布（图3-138）。

图3-137 喉毛花

图3-138 椭圆叶花锚

（十九）麻黄科（Ephedraceae）

麻黄科是裸子植物门的一科。多分枝的灌木，亚灌木或呈草本状，植株通常矮小，高5～100厘米，少数高达5～8米；或为缠绕灌木，茎直立或匍匐，次生木质部中有导管；小枝对生或轮生，绿色，具节，节间有多条细纵槽纹。叶退化成膜质，2～3片在节上对生或轮生，约1/2或2/3合生成鞘，上部呈三角状裂齿，少数成丝状而长达1厘米。雌雄异株，少数同株，球花卵圆形或椭圆形，生枝顶或叶腋，具2～8对交互对生或轮生膜质苞片；雄球花单生或数个丛生，或3～5个组成复穗花序，每苞腋生1雄花，雄花具膜质，仅顶端分离的假花被，雄蕊2～8枚，花丝连合成1～2束，花药1～3室，花粉椭圆形，具不同数目的纵肋和凹谷，纵肋逐渐向两端汇合，但不连接，无萌发孔；雌球花仅顶端1～3枚苞片，腋部生有雌花，雌花具革质，囊状假花被，胚珠上部有膜质花被延长的珠被管，从假花被管伸出。雌球花发育后苞片增厚成肉质，红色或橘红色稀为膜质假花被发育成革质假种皮种子具肉质或粉质胚乳。

单子麻黄

学名　*Ephedra monosperma* C. A. Mey.
科　麻黄科 Ephedraceae
属　麻黄属 *Ephedra Tourn. ex L.*
生境分布　生长于海拔1800～4000米的砾石滩、高山碎石丛、岩石缝隙。青海的杂多、治多、曲麻莱、囊谦、玛多、玛沁、河南、德令哈、共和、兴海、西宁、大通、循化等地有分布（图3-139）。

图3-139　单子麻黄

（二十）牻牛儿苗科（Geraniaceae）

牻牛儿苗科属双子叶植物纲蔷薇亚纲的一科。一年生或多年生草本；叶互生或对生，单叶或复叶，有托叶；花两性，辐射对称或稍左右对称，单生或排成伞形花序；萼片4～5片，分离或稍合生，背面一片有时有距；花瓣5枚，很少4枚，通常覆瓦状排列；雄蕊5枚，或为花瓣数之2～3倍；雌蕊1枚，3～5裂或3～5室，每室有胚珠1～2颗生于中轴胎座上；花柱与子房室同数；果干燥，成熟时果瓣由基部向上掀起，但为花柱所联结。花5基数，雄蕊5～15枚，有时5枚无花药。蒴果很少不开裂，成熟时果瓣由基部向上开裂，上部与心皮柱相连，每果瓣有1粒种子。

甘青老鹳草

学名　*Geranium pylzowianum* Maxim.
科　牻牛儿苗科 Geraniaceae
属　老鹳草属 *Geranium*
生境分布　生长于海拔2500～5000米的亚高山、山地针叶林缘草地和高山草甸。青海的囊谦、玉树、玛多、玛沁、班玛、久治、同仁、泽库、兴海、贵德、湟源、湟中、乐都、互助等地均有分布（图3-140）。

图3-140　甘青老鹳草

（二十一）毛茛科（Ranunculaceae）

毛茛科是被子植物的原始科之一，全世界广布。一年生或多年生草本、陆生、有时水生、少灌木或木质藤本。单叶、掌状裂、或为复叶、通常互生或基生、少对生。无托叶。气孔器无规则型。花两性。花瓣有或无、或特化为有蜜腺囊的花瓣状。雄蕊通常多数、离生、螺旋排列、有时有退化雄蕊、花药纵裂。胚珠多数、倒生或横生。胚乳核型。果瘦果、少浆果或蓇果。种子有胚乳。

1. 云生毛茛

学名　*Ranunculus longicaulis* C. A. Mey. var. *nephelogenes*（Edgew.）L. Liou

科　毛茛科 Ranunculaceae

属　毛茛属 *Ranunculus*

生境分布　生长于海拔3000～5000米的高山草甸、河滩湖边及沼泽草地。青海的曲麻莱、囊谦、玉树、玛多、久治、同仁、泽库、河南、互助、门源等地均有分布（图3-141）。

图3-141　云生毛茛

2. 高原毛茛

学名　*Ranunculus tanguticus*（Maim.）Ovcz.

科　毛茛科 Ranunculaceae

属　毛茛属 *Ranunculus*

生境分布　生长于海拔2000～4050米的河滩、草地、水沟边。青海的玉树、班玛、久治、玛沁、尖扎、同仁、泽库、河南、天峻、兴海、大通、循化、乐都、互助、海晏、祁连、门源等地均有分布（图3-142）。

图3-142 高原毛茛

3. 露蕊乌头

学名　*Aconitum gymnandrum* Maxim.

科　毛茛科 Ranunculaceae

属　乌头属 *Aconitum* L.

生境分布　生长于海拔1550～3800米的山地草坡、草甸、灌丛、河滩、沼泽、田埂。青海的杂多、治多、曲麻莱、囊谦、玉树、玛多、久治、玛沁、尖扎、同仁、泽库、河南、共和、兴海、贵南、西宁、湟源、湟中、循化、乐都、民和、互助、刚察、门源等地均有分布（图3-143）。

4. 唐古特乌头

学名　*Aconitum tanguticum*（Maxim.）Stapf

科　毛茛科 Ranunculaceae

属　乌头属 *Aconitum*

生境分布　生长于海拔3200～4700米的灌丛、草甸、山坡。青海的杂多、治多、曲麻莱、囊谦、玉树、玛多、久治、玛沁、同仁、泽库、河南、兴海、西宁、大通、湟中、循化、互助、门源等地均有分布（图3-144）。

图3-143　露蕊乌头

图3-144　唐古特乌头

5. 伏毛铁棒锤

　　学名　*Aconitum flavum* Hand.-Mazz.

　　科　毛茛科 Ranunculaceae

　　属　乌头属 *Aconitum*

　　生境分布　生长于海拔2000～3700米山地草坡或疏林下。青海的杂多、治多、曲麻莱、囊谦、玉树、玛多、久治、玛沁、泽库、兴海、贵南、互助、祁连、门源等地均有分布（图3-145）。

图3-145 伏毛铁棒锤

6. 甘青铁线莲

学名　*Clematis tangutica*（Maxim.）Korsh.

科　毛茛科 Ranunculaceae

属　铁线莲属 *Clematis*

生境分布　生长于海拔2230～4600米的山坡、灌丛、林缘、河滩。青海的杂多、治多、曲麻莱、囊谦、玉树、玛多、久治、玛沁、尖扎、同仁、泽库、河南、共和、兴海、同德、贵南、西宁、湟中、循化、乐都、民和、刚察、祁连、门源等地均有分布（图3-146）。

7. 长瓣铁线莲

学名　*Clematis macropetala*

科　毛茛科 Ranunculaceae

属　铁线莲属 *Clematis*

生境分布　生长于海拔1900～3100米阴坡林下、林缘、灌丛、河滩、草地。青海的尖扎、同仁、大通、湟中、循化、民和、互助等地均有分布（图3-147）。

图3-146　甘青铁线莲

图3-147　长瓣铁线莲

8. 瓣蕊唐松草

学名　*Thalictrum petaloideum* L.

科　毛茛科 *Ranunculaceae*

属　唐松草属 *Thalictrum* L.

生境分布　生长于海拔300 ～ 2500米山坡草地、林缘、灌丛。青海的玛多、尖扎、同仁、西宁、大通、共和、循化、乐都、互助、门源等地均有分布（图3-148）。

9. 蓝翠雀花

学名　*Delphinium caeruleum* Jacq. ex. Camb.

图3-148　瓣蕊唐松草

科　毛茛科 Ranunculaceae

属　翠雀属 *Delphinium*

生境分布　生长于海拔2100～4400米山坡、灌丛、草甸、沙丘、河滩。青海的杂多、囊谦、玉树、治多、曲麻莱、久治、同仁、泽库、天峻、兴海、贵南、大通、湟源、湟中、循化、祁连、门源等地均有分布（图3-149）。

图3-149　蓝翠雀花

10. 白蓝翠雀花

学名　*Delphinium albocoeruleum*

科　毛茛科 Ranunculaceae

属　翠雀属 *Delphinium* Linn.

生境分布 生长于海拔3600～4700米高山草甸、砾石流、灌丛。青海的曲麻莱、囊谦、玛多、同仁、泽库、河南、兴海、同德、大通、祁连等在有分布（图3-150）。

图3-150 白蓝翠雀花

11. 密花翠雀花

学名 *Delphinium densiflorum* Duthie ex Huth
科 毛茛科 Ranunculaceae
属 翠雀属 *Delphinium* Linn.

生境分布 生长于海拔3700～4500米的倒石堆、草甸等。青海的玛多、玛沁、甘德、达日、同仁、泽库、互助等地均有分布（图3-151）。

图3-151 密花翠雀花

12. 单花翠雀花

学名 *Delphinium candelabrum* Ostf. var. *monanthum*（Hand.-Mazz.）W. T. Wang

科 毛茛科 Ranunculaceae

属 翠雀属 *Delphinium* Linn.

生境分布 生于海拔3500～5000米的高山倒石堆、流石滩、多石砾山坡。青海的杂多、治多、曲麻莱、囊谦、玛多、久治、同仁、泽库、西宁、祁连等地均有分布（图3-152）。

13. 唐古拉翠雀花

学名 *Delphinium tangkulaense* W. T. Wang

科 毛茛科 Ranunculaceae

属 翠雀属 *Delphinium* Linn.

生境分布 生长于海拔4700～4900米的山坡裸地。青海的曲麻莱、同仁、泽库等地有分布（图3-153）。

图3-152 单花翠雀花   图3-153 唐古拉翠雀花

14. 金莲花

学名 *Trollius chinensis*

科 毛茛科 Ranunculaceae

属 金莲花属 *Trollius* Linn.

生境分布　生长于海拔2900～4100米的灌丛、草地、河漫滩、高山草甸。青海的杂多、玉树、玛多、久治、尖扎、同仁、泽库、兴海、循化、海晏、门源等地均有分布（图3-154）。

图3-154　金莲花

15. 矮金莲花

学名　*Trollius farreri* Stapf
科　毛茛科 Ranunculaceae
属　金莲花属 *Trollius* Linn.
生境分布　生长于海拔3500～4700米的灌丛、草甸、河漫滩。青海的治多、囊谦、玉树、玛多、玛沁、同仁、泽库、河南、兴海、贵南、大通、湟源、循化、乐都、互助、门源等地均有分布（图3-155）。

16. 叠裂叶银莲花

学名　*Anemone imbricata* Maxim.
科　毛茛科 Ranunculaceae
属　银莲花属 *Anemone* L.
生境分布　生长于海拔3200～5300米的高山草甸或灌丛中。青海的杂多、治多、曲麻莱、囊谦、玉树、玛多、久治、玛沁、河

图3-155 矮金莲花

图3-156 叠裂叶银莲花

南、兴海等地均有分布（图3-156）。

17. 疏齿银莲花

学名　*Anemone obtusiloba* D. Don subsp. *ovalifolia* Bruhl

科　毛茛科 Ranunculaceae

属　银莲花属 *Anemone* L.

生境分布　生长于海拔2550 ～ 4800米的林缘、草丛、河滩及草甸。青海的杂多、囊谦、玉树、治多、曲麻莱、久治、玛沁、尖扎、同仁、泽库、河南、共和、乐都、民和、互助、祁连、门源等地均有分布（图3-157）。

图3-157　疏齿银莲花

18. 条裂叶银莲花

　　学名　*Anemone trullifolia* Hook. f. et Thoms. var. *linearis*（Bruhl）Hand.-Mazz.

　　科　毛茛科 Ranunculaceae

　　属　银莲花属 *Anemone* L.

　　生境分布　生长于海拔3500～5000米间高山草地或灌丛中。青海的囊谦、玉树、久治、玛沁、同仁、河南等地均有分布（图3-158）。

19. 草玉梅

　　学名　*Anemone rivularia*

　　科　毛茛科 Ranunculaceae

　　属　银莲花属 *Anemone* L.

　　生境分布　生长于海拔2700～4100米的山坡草地、林缘。青海的治多、玉树、玛多、久治、玛沁、尖扎、同仁、泽库、河南、兴海、大通等地均有分布（图3-159）。

图3-158 条裂叶银莲花

图3-159 草玉梅

20. 大火草

学名 *Anemone tomentosa*（Maxim.）Pei

科 毛茛科 Ranunculaceae

属 银莲花属 *Anemone* L.

生境分布 生长于海拔1850～2500米的山坡、林缘、河漫滩。青海东部地区循化、民和等地有分布（图3-160）。

图3-160 大火草

21. 花葶驴蹄草

学名 *Caltha scaposa* Hook. f. et Thoms.

科 毛茛科 Ranunculaceae

属 驴蹄草属 *Caltha*

生境分布 生长于海拔3000～5400米的高山草地、沼泽、河边草地中。青海的杂多、治多、玉树、称多、玛多、久治、同仁、泽库、河南、兴海等地均有分布（图3-161）。

图3-161 花葶驴蹄草

（二十二）蔷薇科（Rosaceae）

蔷薇科是双子叶植物纲蔷薇亚纲中的一科。乔木、灌木或草本。叶互生，稀对生，单叶或复叶，常具托叶。花两性，辐射对称，花托突起或凹陷，花被与雄蕊愈合成一碟状，杯状，坛状或壶状的托杯（萼筒、花筒），花萼、花瓣和雄蕊均着生于托杯的边缘，形成周位花；花萼裂片5片，花瓣5枚，分离，雄蕊常多数；心皮多数至1枚，分离或结合，子房上位或下位。果实为蓇葖果、瘦果、梨果或核果，种子无胚乳。该科约124属3300余种，广布于全球。中国约有47属854种，全国皆产。

1. 多裂委陵菜

学名　*Potentilla multifida*

科　蔷薇科 Rosaceae

属　委陵菜属 *Potentilla* L.

生境分布　生长于海拔1200～4300米的山坡草地、灌丛及林缘。青海的玉树、称多、尖扎、同仁、共和、贵德、西宁、大通、湟中、乐都、互助、祁连、门源等地均有分布（图3-162）。

图3-162　多裂委陵菜

2. 鹅绒委陵菜

学名　*Potentilla anserina*

科　蔷薇科 Rosaceae

属　委陵菜属 *Potentilla* L.

生境分布　生长于海拔1700～4100米的高山草甸、河滩、山坡、水沟边。青海全省各地均有分布（图3-163）。

图3-163　鹅绒委陵菜

3. 二裂委陵菜

学名　*Potentilla bifurca* Linn.

科　蔷薇科 Rosaceae

属　委陵菜属 *Potentilla* L.

生境分布　生长于海拔2000～3600米的干山坡、河滩、疏林、灌丛、撂荒地。青海全省各地均有分布（图3-164）。

图3-164　二裂委陵菜

4. 多茎委陵菜

学名　*Potentilla multicaulis* Bge.

科　蔷薇科 Rosaceae

属　委陵菜属 *Potentilla* L.

生境分布　多生长于海拔1800～3800米的生耕地边、沟谷阴处、向阳砾石山坡、草地及疏林下。青海东部地区有分布（图3-165）。

图3-165　多茎委陵菜

5. 星毛委陵菜

学名　*Potentilla acaulis* L.

科　蔷薇科 Rosaceae

属　委陵菜属 *Potentilla* L.

生境分布　生长于海拔1800～3000米的山坡草地、多砾石瘠薄山坡。青海的尖扎、贵南、西宁、大通、循化、刚察等地均有分布（图3-166）。

6. 钉柱委陵菜

学名　*Potentilla saundersiana* Royle

科　蔷薇科 Rosaceae

属　委陵菜属 *Potentilla* L.

生境分布　多生长于海拔2600～5150米的山坡草地、多石山顶、高山灌丛及草甸。青海的杂多、囊谦、玉树、玛多、久治、玛沁、尖扎、同仁、泽库、河南、德令哈、乌兰、天峻、兴海、共和、同德、贵南、西宁、大通、湟源、湟中、乐都、互助、海晏、祁连、门源等地均有分布（图3-167）。

图3-166　星毛委陵菜

图3-167　钉柱委陵菜

7. 西北沼委陵菜

学名　*Comarum salesovianum*（Stepn.）Asch. et Gr.

科　蔷薇科 Rosaceae

属　沼委陵菜属 *Comarum*

生境分布　生长于海拔3600～4000米的山坡、沟谷及河岸。青海的泽库、德令哈、乌兰、兴海、贵德、西宁、湟源、循化、民和、祁连、门源等地均有分布（图3-168）。

8. 隐瓣山莓草

学名　*Sibbaldia procubens* L. var. *aphanopetala*
科　　蔷薇科 Rosaceae
属　　山莓草属 *Sibbaldia*
生境分布　生长于海拔2600～4600米的沼泽、河滩、草甸、灌丛。青海的囊谦、玉树、班玛、久治、同仁、河南、共和、乐都、互助等地均有分布（图3-169）。

　　图3-168　西北沼委陵菜　　　　　　　图3-169　隐瓣山莓草

9. 伏毛山莓草

学名　*Sibbaldia adpressa* Bunge
科　　蔷薇科 Rosaceae
属　　山莓草属 *Sibbaldia*
生境分布　生长于海拔1800～4200米的山坡草地、林间、高山草甸、农田边、砾石地及河滩地。青海的杂多、囊谦、玉树、玛沁、尖扎、同仁、乌兰、兴海、共和、贵德、贵南、西宁、大通、乐都、互助、刚察、祁连、门源等地均有分布（图3-170）。

10. 东方草莓

学名　*Fragaria orientalis* Losina-Losinsk

图3-170 伏毛山莓草

科 蔷薇科 Rosaceae
属 草莓属 *Fragaria* L.

生境分布 生长于海拔600～4000米的山坡草地、高山林缘、山坡沟谷、河滩、路边。青海的囊谦、玉树、玛沁、尖扎、同仁、泽库、河南、兴海、西宁、大通、乐都、民和、互助、祁连等地均有分布（图3-171）。

图3-171 东方草莓

（二十三）茄科（Solanaceae）

茄科是双子叶植物，一年生至多年生草本、半灌木、灌木或小乔木;直立、匍匐、扶升或攀缘;有时具皮刺,少数具棘刺。茎有时具皮刺,少数具棘刺。叶互生,单叶或羽状复叶,全缘,具齿、浅裂或深裂;无托叶。花序顶生或腋生,总状、圆锥状或伞形,或单花腋生或簇生。花两性,少数杂性,通常5基数,少数4基数;花萼5裂,深裂,浅裂,少数平截,花后不增大或增大,宿存,少数基部宿存;花冠筒辐状、漏斗状、高脚碟状、钟状或坛状;雄蕊与花冠裂片同数互生,伸出或内藏,生于花冠筒上部或基部,花药2枚,药室纵裂或孔裂;子房2室,少数1室或具不完全假隔膜在下部成4室,中轴胎座,胚珠多数,少数至1枚,倒生、弯生或横生。浆果或蒴果。种子盘状或肾形;胚乳肉质;胚钩状、环状或螺旋状卷曲,位于周边埋藏于胚乳中,或直伸位于中轴。该科约75属2000种以上,分布于热带和温带地区。我国有26属107种,各省均有分布。

1. 马尿泡

学名　*Przewalskia tangutica* Maxim.

科　茄科 Solanaceae

属　马尿泡属 *Przewalskia*

生境分布　生长于海拔3200～5000米的高山砂砾地及干旱草原。青海的玉树、玛多、兴海、玛沁、泽库、河南、门源、曲麻莱等地均有分布(图3-172)。

图3-172　马尿泡

2. 山莨菪

学名　*Anisodus tanguticus*

科　茄科 Solanaceae

属　天仙子属 *Anisodus* Link et Otto

生境分布　生长于海拔2800～4200米的山坡、草坡阳处。青海的玉树、囊谦、杂多、玛沁、同仁、泽库、兴海、共和、刚察、河南、海晏、湟源、湟中等地均有分布（图3-173）。

图3-173　山莨菪

（二十四）瑞香科（Thymelaeaceae）

瑞香科是被子植物门，双子叶植物纲，蔷薇亚纲，桃金娘目的一科。多为灌木，少见乔木或草本，单叶互生或对生，全缘，无托叶，叶柄短。花两性或单性，整齐，排列成头状花序、穗状花序或总状花序，少数单生，有或无叶状苞片，花萼花冠状，圆筒形，少见漏斗形、壶状或钟形，顶端4～5裂，裂片通常覆瓦状排列；花瓣缺或鳞片状；雄蕊4或8枚，1轮或两轮，着生于花萼筒上，稀退化为2枚；花盘环状、杯状或鳞片状，稀无花盘；子房上位，包被于花萼筒的基部，1室1胚珠，少数2室。果实为核果、浆果或坚果，少见为2瓣开裂的蒴果。该科约50属500种左右，广布于全世界热带和温带地区。中国有9属约100种，广布全国。

狼毒

学名　*Stellera chamaejasme* Linn.

科　瑞香科 Thymelaeaceae

属　狼毒属 *Stellera* L.

生境分布　生长于海拔2600～4200米的干燥而向阳的高山草坡、滩地、田边、道旁。青海的班玛、玛沁、尖扎、贵南、西宁、乐都、互助、刚察、祁连、门源等地均有分布（图3-174）。

图3-174　狼毒

（二十五）伞形科（Umbelliferae）

伞形科属双子叶植物伞形目的一科。一年生至多年生草本，少数为亚灌木；根通常直生，肉质而粗，圆锥形、圆柱形或棒形，很少为成束须根；茎直立或匍匐上升；叶互生，常分裂，为一回掌状分裂或一至四回羽状分裂的复叶，少为单叶，叶柄基部扩大成鞘状；花小，两性或杂性，复伞形花序或单伞形花序，少为头状花序。伞形花序基部有总苞片，小伞形花序基部有小总苞片；花萼与子房贴生，萼齿5片或无；花瓣5片，基部窄狭，有时成爪或内卷成小囊，顶端钝圆或有内折的小舌片或顶端延长如细线，雄蕊5枚，与花瓣互生，子房下位，2室，每室有一个倒悬的胚珠，顶部有盘状或短圆锥状的花柱基；花柱2个；果由2个背面或侧面扁压的成熟心皮合成，成熟时该心皮从合生面分离，但每个心皮有一心皮柄和果柄相连而倒悬其上，因此2个分生果又称双悬果，每一心皮外面有5条主棱，有时有4条次棱介于主棱间，但很少主棱和次棱都同时发育，心皮的连接面名合生面，中果皮内层的棱槽内和合生面通常有纵走的油管1至多数，胚乳的腹面平直、凸出或凹入，胚小。该科约275属2850种，近于全球分布。中国约有95属525种，各地都有分布。

1. 裂叶独活

学名　*Heraeleum millefolium*

科　　伞形科 Umbelliferae

属　　独活属 *Heracleum*

生境分布　生长于海拔3000～5000米的高山草甸、草甸草原、山坡草地、岩石缝隙、滩地。青海的杂多、治多、玉树、玛多、久治、玛沁、同仁、泽库、河南、可可西里、天峻、共和、兴海、贵南、刚察等地均有分布（图3-175）。

图3-175　裂叶独活

2. 簇生柴胡

学名　*Bupleurum condensatum*

科　　伞形科 Umbelliferae

属　　柴胡属 *Bupleurum*

生境分布　生长于海拔3000～3700米高山向阳山坡、荒地或河滩。青海的班玛、久治、泽库、天峻、共和、兴海、刚察等地均有分布（图3-176）。

图3-176 簇生柴胡

3. 羌活

学名　*Notopterygium incisum* Ting ex H. T. Chang

科　伞形科 Umbelliferae

属　羌活属 *Notopterygium*

生境分布　生长于海拔1700～4500米的高山灌丛草甸、高山灌丛、林下、林缘及灌丛内。青海的班玛、玛沁、同仁、泽库、河南、兴海、同德、贵德、大通、湟源、湟中、循环、乐都、民和、互助、门源等地均有分布（图3-177）。

图3-177 羌活

4. 垫状棱子芹

学名　*Pleurospermum hedinii*

科　伞形科 Umbelliferae

属　棱子芹属 *Pleurospermum*

生境分布　生长于海拔3980～4900米左右的高山山谷草甸、高山沼泽草甸、河滩、开阔地、山谷缓丘、山坡、山坡草甸、石坡等地。青海的治多、称多、达日、玛多、玛沁、兴海等地均有分布（图3-178）。

图3-178　垫状棱子芹

5. 葛缕子

学名　*Carum carvi*

科　伞形科 Umbelliferae

属　葛缕子属 *Carum*

生境分布　生长于海拔1500～2000米的荫蔽潮湿处。青海海东市有分布（图3-179）。

（二十六）莎草科（Cyperaceae）

莎草科为单子叶植物莎草目的一科。多年生或一年生草本；秆实心，常三棱形，无节；叶通常3列，有时缺，叶片狭长，有封闭的叶鞘；花小，两性或单性，生于小穗鳞片（常称为颖）的腋内，

图3-179 葛缕子

小穗复排成穗状花序、总状花序、圆锥状花序、头状花序或聚伞花序等各种花序；花被缺或为下位刚毛、丝毛或鳞片；雄蕊1～3枚；子房上位，1室，有直立的胚珠1颗，花柱单一，细长或基部膨大而宿存，柱头2～3个；果为一瘦果或小坚果。该科约4000种，广布于全世界，中国有31属670种，全国皆产。

1. 矮嵩草

学名　*Kobresia humilis*（C. A. Mey. ex Trautv.）Sergiev
科　莎草科 Cyperaceae
属　嵩草属 *Kobresia*
生境分布　生长于海拔2500～4700米的高山草甸、河滩、草甸、林下。青海的杂多、玉树、玛多、久治、玛沁、泽库、德令哈、都兰、天峻、兴海、共和、贵南、互助、祁连、门源、青海湖等地有分布（图3-180）。

2. 小嵩草

学名　*Kobresia humilis*
科　莎草科 Cyperaceae
属　嵩草属 *Kobresia*
生境分布　生长于海拔2700～5400米高山灌丛草甸和高山草甸。青海的杂多、治多、曲麻莱、玉树、玛多、久治、玛沁、同仁、泽库、格尔木、乌兰、兴海、贵现、刚察、祁连、门源等地均有分布（图3-181）。

图3-180　矮嵩草

图3-181　小嵩草

3. 藏嵩草

　　学名　*Kobresia xchoenoides*（C. A. Mey.）Stead.
　　科　莎草科 Cyperaceae
　　属　嵩草属 *Kobresia*
　　生境分布　生长于海拔3200 ～ 4800米的沼泽草甸、滩地中。青海的杂多、曲麻莱、玛多、玛沁、泽库、乌兰、兴海、刚察、祁连、门源等地均有分布（图3-182）。

4. 青藏苔草

　　学名　*Carex moorcroftii* Falc. Ex Boott

科 莎草科 Cyperaceae

属 苔草属 *Carex*

生境分布 生长于海拔2900～5000米的沙地、草地、沼泽、草甸、半荒漠沙坡、沼泽草甸、林下、林缘。青海的治多、曲麻莱、囊谦、玉树、称多、玛多、久治、玛沁、尖扎、同仁、涯为、德令哈、大柴旦、兴海、共和、互助、刚察、海晏、祁连、门源等地均有分布（图3-183）。

图3-182 藏嵩草

图3-183 青藏苔草

5. 异穗苔草

学名 *Carex heterostachya* Bge.

科 莎草科 Cyperaceae

属 苔草 *Carex*

生境分布　生长于海拔300～1000米山坡和道旁荒地。青海的互助、乐都、民和、平安、西宁等地均有分布（图3-184）。

图3-184　异穗苔草

6. 黑褐苔草

学名　*Carex atrofusca* Schkuhr Riedgr.

科　莎草科 Cyperaceae

属　苔草属 *Carex*

生境分布　生长于海拔2600～4700米的山谷草甸、阳坡灌丛、河滩、林下。青海的称多、玛多、久治、玛沁、尖扎、同仁、泽库、河南、乌兰、天峻、海南、兴海、共和、大通、民和、互助、祁连、门源、杂多、柴达木等地有分布（图3-185）。

7. 双柱头蔗草

学名　*Scirpus distigmaticus*

科　莎草科 Cyperaceae

属　蔗草属 *Scirpus* Linn.

生境分布　生长于在海拔2500～4500米湿地或沼泽中。青海的玉树、囊谦、称多、杂多、治多、曲麻莱、久治、玛沁、尖扎、同仁、泽库、兴海、民和、互助、共和、祁连、门源、大通等地均有分布（图3-186）。

图3-185　黑褐苔草　　　　　图3-186　双柱头藨草

（二十七）杉叶藻科（Hippuridaceae）

该科植物为多年生水生草本、具匍匐根状茎。茎直立不分枝、其下部多浸在水中、上部则出露于水面之上。叶线形、4～12枚轮生、沉水叶往往比气生叶长而软。花小，单生于茎上部的叶腋，两性，少数为单性雌花，花萼大部分与子房合生，具明显的边缘，无花瓣；雄蕊1枚，上位，花药大，2室；风媒传粉。子房下位，具1颗悬垂的倒生胚珠；花柱及柱头1个，线形，果为不开裂的核果。种子1粒，有少数胚乳，胚圆柱形，雌蕊先熟。该科植物几乎分布于全世界，中国有杉叶藻1种，分布于西南到东北。

杉叶藻

学名　*Hippuris vulgaris* L.

科　杉叶藻科 Hippuridaceae

属　杉叶藻属 *Hippuris* L.

生境分布　生长于浅水中。青海的囊谦、玉树、玛多、玛沁、久治、泽库、乌兰、天峻、西宁、大通、互助、祁连等地均有分布（图3-187）。

（二十八）十字花科（Cruciferae）

十字花科属双子叶植物纲五桠果亚纲的一科。一年生至多年

图3-187 杉叶藻

生草本，少数为灌木或乔木，常为单叶，少数复叶，无托叶，具单毛或分叉毛，有时具腺毛或无毛；总状花序或伞房花序；花两性，常无苞片；萼片4片，直立至开展，成2对，交互对生，有时内轮基部囊状；花瓣4片（极少退化），十字形，和萼片互生，黄色、白色或紫色，常有爪；雄蕊6枚，少有由于退化成4枚、2枚或1枚，极少多于6枚，四强雄蕊，外轮2个短，内轮4个长，花药2室（极少1室），花丝有时具翅、齿或附属物；生在短雄蕊基部的侧蜜腺常存在，成各种形状，有或无中密腺；子房有2连合心皮，1～2室，有1至多侧胚珠，生在2侧膜胎座上；中间被一膜质假隔膜所分隔；花柱单一，有时不存在，柱头常头状，不裂至2裂；果实为长角果或短角果。该科约375属3200种，广布于全世界，中国有96属约411余种。

1. 独行菜

学名　*Lepidium apetalum*

科　十字花科 Cruciferae

属　独行菜属 *Lepidium* L.

生境分布　生长于海拔400～2000米山坡、山沟、路旁及村庄附近。青海全省各地均有分布（图3-188）。

图3-188　独行菜

2. 盐泽双脊荠

学名　*Dilophia salsa* Thoms.

科　十字花科 Cruciferae

属　双脊荠属 *Dilophia* Thoms.

生境分布　生长在海拔2000～4700米的河滩、湖滨等低洼地。青海的杂多、治多、曲麻莱、称多、玛多、玛沁、天峻、兴海、祁连、门源等地均有分布（图3-189）。

图3-189　盐泽双脊荠

3. 无包双脊荠

学名　*Dilophia ebracteata* Maxim.

科　十字花科 Cruciferae

属 双脊荠属 *Dilophia* Thoms.

生境分布 生长于海拔2800～3500米在河滩沙地。青海的青南地区、乌兰、祁连、门源等地均有分布（图3-190）。

图3-190 无包双脊荠

4. 红紫桂竹香

学名 *Cheiranthus roseus* Maxim.

科 十字花科 Cruciferae

属 桂竹香属 *Cheiranthus*

生境分布 生长于海拔3400～3700米的高山石堆。青海的杂多、治多、曲麻莱、囊谦、玉树、称多、玛多、久治、泽库、河南、同德、祁连、化隆、大通、互助等地均有分布（图3-191）。

图3-191 红紫桂竹香

5. 垂果南芥

学名 *Arabis pendula* Linn.

科 十字花科 Cruciferae

属 南芥属 *Arabis* L.

生境分布 生长于海拔2450～3200米的山坡、山沟、草地、林缘、灌木丛、河岸及路旁的杂草地。青海的同仁、泽库、兴海、民和、互助等地有分布（图3-192）。

图3-192 垂果南芥

6. 播娘蒿

学名 *Descurainia sophia*

科 十字花科 Cruciferae

属 播娘蒿属 *Descurainia*

生境分布 生长于海拔2150～4600米的山地草甸、沟谷、村旁、田边。青海的杂多、治多、玉树、班玛、久治、玛沁、尖扎、同仁、泽库、河南、兴海、同德、贵德、大通、乐都、互助、刚察、门源等地有分布（图3-193）。

7. 菥蓂

学名 *Thlaspi arvense* L.

科 十字花科 Cruciferae

属　荠属 *Thlaspi* L.

生境分布　生长于海拔1600～4200米的田边、山坡、荒地。青海全省各地均有分布（图3-194）。

图3-193　播娘蒿

图3-194　荠

8.腺异蕊芥

学名　*Dimorphostemon glandulosus*（Kar. et Kir.）Golubk.

科　十字花科 Cruciferae

属　异蕊芥属 *Dimorphostemon*

生境分布　生长于海拔1900～5100米山坡草地、高山草甸、河边沙地、山沟灌丛或石缝中。青海的玉树州、同仁、乌兰、共和、互助等地均有分布（图3-195）。

图3-195　腺异蕊芥

（二十九）石竹科（Caryophyllaceae）

石竹科属双子叶植物纲石竹亚纲的一科。一二年生或多年生草本，少数为小灌木或亚灌木。茎通常节部膨大。单叶对生，有时具膜质托叶。花两性，少见单性，辐射伞形花序，圆锥花序或集生成头状。有时具闭花受精的花；萼片4～5片，离生或合生；花瓣4～5片，少数无，离生，具爪或否；雄蕊8～10枚，少数2～5枚；花盘小，有些具腺体；花托有时呈柄状；子房上位，1室，少数2～5室，特立中央胎座，胚珠1至多数；花柱2～5个。果实通常为蒴果，少数为瘦果或浆果状。种子一至多数，多为肾形，无翅或仅具窄翅，表面平滑或具疣状突起，含粉质胚乳。该科约80属2100余种，以温带和寒带最多。中国有32属约400种。

1. 垫状雪灵芝

学名　*Arenaria pulvinata* Edgew.

科　石竹科 Caryophyllaceae

属　无心菜属 *Arenaria*

生境分布　生长于海拔4200 ～ 5020米的生于山顶阳坡、高山流石坡、砾石带。青海的杂多、囊谦、玉树、称多、达日、玛沁、兴海、大通等地均有分布（图3-196）。

图3-196　垫状雪灵芝

2. 甘肃雪灵芝

学名　*Arenaria kansuensis* Maxim.

科　石竹科 Caryophyllaceae

属　无心菜属 *Arenaria*

生境分布　生长于海拔3500 ～ 5300米的高山草甸、山坡草地和砾石带。青海的囊谦、玉树、玛多、达日、班玛、久治、玛沁、同仁、河南、同德、贵德、大通、湟中、互助、祁连、门源等地均有分布（图3-197）。

3. 瞿麦

学名　*Dianthus superbus* L.

科　石竹科 Caryophyllaceae

属　石竹属 *Dianthus* L.

生境分布　生长于海拔400 ～ 3700米高山草地、山坡、灌丛、草甸、沟谷溪边。青海的班玛、久治、玛沁、泽库、河南、大通、湟源、湟中、循化、民和、互助等地有分布（图3-198）。

图3-197 甘肃雪灵芝

图3-198 瞿麦

4. 细蝇子草

学名 *Silene gracilicaulis* C. L. Tang .

科 石竹科 Caryophyllaceae

属 蝇子草属 *Silene* L.

生境分布 生长于海拔2400～4300米高山草甸、山坡草地、林下、河滩、河边及岩石缝隙。青海的治多、曲麻莱、囊谦、玉树、称多、玛多、久治、玛沁、同仁、泽库、河南、乌兰、天峻、兴海、共和、同德、贵德、贵南、大通、湟源、湟中、乐都、民和、互助、祁连、刚察、门源等地有分布（图3-199）。

5. 簇生卷耳

学名　*Cerastium caespitosum* Gilib.
科　石竹科 Caryophyllaceae
属　卷耳属 *Cerastium*
生境分布　生长于海拔2490～4600米的山坡草地、灌丛、河漫滩、草甸、林下。青海的治多、曲麻莱、囊谦、玉树、达日、久治、玛沁、同仁、泽库、河南、天峻、兴海、大通、循化、乐都、祁连、门源等地均有分布（图3-200）。

图3-199　细蝇子草　　　　　图3-200　簇生卷耳

（三十）水麦冬科（Juncaginaceae）

水麦冬科是茨藻目的一科。一年生淡水或咸水沼泽植物，有花茎，根有时块状。叶基生，线形，有鞘。花成总状花序或穗状花序，小型，辐射对称，两性或单性，无苞，花被6片，草质，雄蕊6～4枚，几无花丝，花药外向，花粉粒球形，无萌发孔，有网状雕纹层，雌蕊6～4枚或结合，子房上位，有羽毛状柱头，每室有一基生的倒生胚珠（少数为顶生的直生胚珠）。果实圆筒形或倒卵形，蓇葖或蒴果，有的基部有明显的距，有时有3个不育，种子无胚乳。该科有4属约25种，分布于南北温带和寒带，中国有水麦冬属1属2种，广泛分布于西南至东北部。

海韭菜

学名　*Triglochin maritimum* L.

科　水麦冬科 Juncaginaceae

属　水麦冬属 *Triglochin*

生境分布　生长于海拔1900～4300米沼泽和半沼泽及其他低湿草地中。青海各地均有分布（图3-201）。

图3-201　海韭菜

（三十一）锁阳科（Cynomoriaceae）

锁阳科属双子叶植物纲蔷薇亚纲的一科。根寄生多年生肉质草本，全株红棕色，无叶绿素。茎圆柱形，肉质，分枝或不分枝，具螺旋状排列的脱落性鳞片叶。花杂性，极小，由多数雄花、雌花与两性花密集形成顶生的肉穗花序，花序中散生鳞片状叶；花被片通常4～6片，少数1～3片或7～8片；雄花具1枚雄蕊和1个密腺；雌花具1枚雌蕊，子房下位，1室，内具1个顶生悬垂的胚珠；两性花具1枚雄蕊和1枚雌蕊。果为小坚果状。种子具胚乳。该科仅有1属2种，分布于地中海沿岸、北非、中亚及中国西北、北部沙漠地带。我国仅有1属1种，产于新疆、青海、甘肃、宁夏、内蒙古、陕西等省区。

锁阳

学名　*Cynomorium songaricum* Rupr.

科　锁阳科 Cynomoriaceae

属　锁阳属 *Cynomorium songaricum*

生境分布　生长于干燥多沙地带、多寄生于白刺的根上。青海的乌兰、格尔木等地有分布（图3-202）。

图3-202　锁阳

（三十二）小檗科（Berberidaceae）

小檗科是被子植物门、双子叶植物纲、木兰亚纲、毛茛目的一科。灌木或多年生草本。叶为单叶或复叶。花两性，具蜜腺或无，轮状排列，整齐，下位花，3或有时为2基数。花被2～4轮。雄蕊与花瓣同数且与之对生，少数较多；花药瓣裂，有时纵裂。心皮一般单生；胚珠多数至少数，少数1枚。果实为浆果或蒴果。花粉一般为单粒状，少数为四合花粉。该科植物共13属约600种。生境分布于北温带、中国有10属约300种、生境分布于西部和西南部。

桃儿七

学名　*Sinopodophyllum hexandrum*（Royle）Ying

别称　桃耳七、小叶莲

科　小檗科 Berberidaceae

属　桃儿七属 *Sinopodophyllum*

生境分布　生长于海拔2200～4300米的林下、林缘湿地、灌丛中或草丛中。青海的囊谦、玉树、班玛、同仁、循化、乐都、民和、互助等地均有分布（图3-203）。

图3-203　桃儿七

（三十三）玄参科（Scrophulariaceae）

玄参科是被子植物门、双子叶植物纲、合瓣花亚纲、管状花目的一科。该科植物为草本、灌木或少有乔木。叶互生、下部对生而上部互生、或全对生、或轮生，无托叶。花序总状、穗状或聚伞状，常合成圆锥花序，向心或更多离心。花常不整齐；萼下位，常宿存，5少有4基数；花冠4～5裂，裂片多少不等或作二唇形；雄蕊常4枚，而有1枚退化，少有2～5枚或更多，药1～2室，药室分离或多少汇合；花盘常存在，环状，杯状或小而似腺；子房2室，极少仅有1室；花柱简单，柱头头状或2裂或2片状；胚珠多数，少有各室2枚，倒生或横生。果为蒴果，少有浆果状，具生于一游离的中轴上或着生于果片边缘的胎座上；种子细小，有时具翅或有网状种皮，脐点侧生或在腹面，胚乳肉质或缺少；胚伸直或弯曲。该科约200属3000余种、广布于全球各地、多数在温带地区。中国产56属约650种，分布于西南部山地。

1.短穗兔耳草

　　学名　*Lagotis brachystachya* Maxim.

　　科　玄参科 Scrophulariaceae

　　属　兔耳草属 *Lagotis*

　　生境分布　生于海拔3200～4500米的高山草甸、河滩、湖边、湖边草甸、阔叶疏林中、沙质草甸、山谷、山坡草甸。青海的杂多、囊谦、玉树、称多、治多、曲麻莱、玛多、久治、玛沁、尖扎、同仁、泽库、天峻、可可西里、天峻、共和、兴海、同德、贵南、西宁、湟源、刚察、祁连等地均有分布（图3-204）。

图3-204　短穗兔耳草

2.短管兔耳草

　　学名　*Lagotis brevitub* Maxim.

　　科　玄参科 Scrophulariaceae

　　属　兔耳草属 *Lagotis*

　　生境分布　生长于海拔3700～5150米的高山碎石带及其草甸处。青海的杂多、囊谦、玉树、同仁、泽库、河南、乌兰、天峻、共和、兴海、乐都、贵德、大通、互助、祁连、门源

图3-205　短管兔耳草

等地均有分布（图3-205）。

3. 肉果草

学名 *Lancea tibetica* Hook. f. et Hsuan.

科 玄参科 Scrophulariaceae

属 肉果草属 *Lancea*

生境分布 生长于海拔2000～4500米的草地、疏林中或沟谷旁。全省各地均有分布（图3-206）。

图3-206 肉果草

4. 婆婆纳

学名 *Veronica didyma* Tenore

科 玄参科 Scrophulariaceae

属 婆婆纳属 *Veronica* L.

生境分布 生长于海拔3700～4100米的草地、山坡、云杉林中。青海大部分地区均有分布（图3-207）。

5. 斑唇马先蒿

学名 *Pedicularis longiflora* Rudolph var *tubiformis*（Klotz.）Tsoong

科 玄参科 Scrophulariaceae

属 马先蒿属 *Pedicularis* Linn.

生境分布　生长于海拔2700～5200米的高山草甸、沼泽、林缘湿地。青海的杂多、玉树、曲麻莱、玛多、久治、玛沁、同仁、可可西里、乌兰、兴海、同德等地均有分布（图3-208）。

图3-207　婆婆纳

图3-208　斑唇马先蒿

6. 甘肃马先蒿

学名　*Pedicularis kansuensis* Maxim.
科　玄参科 Scrophulariaceae
属　马先蒿属 *Pedicularis* Linn.
生境分布　生长于海拔1825～4000米的林下、林缘、弃耕地、河滩、草甸、灌丛。青海的杂多、玉树、称多、曲麻莱、玛多、久治、玛沁、尖扎、同仁、泽库、香日德、都兰、乌兰、天峻、共和、兴海、同德、贵德、贵南、西宁、大通、湟中、循化、乐都、民和、互助、刚察、海晏、祁连、门源等地均有分布（图3-209）。

图3-209 甘肃马先蒿

7. 青藏马先蒿

学名 *Pedicularis przewalskii* Maxim.

科 玄参科 Scrophulariaceae

属 马先蒿属 *Pedicularis* Linn.

生境分布 生长于海拔3600～4900米的高山草甸、灌丛。青海的玛沁、久治、杂多、囊谦、泽库、治多、祁连、天峻、互助、大通、玉树、兴海等地均有分布（图3-210）。

图3-210 青藏马先蒿

8. 中国马先蒿

学名 *Pedicularis chinensis* Maxim.

科　玄参科 Scrophulariaceae
属　马先蒿属 *Pedicularis* Linn.

生境分布　生长于海拔1700～3600米的草甸、高山草甸、高山灌丛、灌丛湿地、河滩草甸、林缘灌丛等。青海的久治、玛沁、同仁、泽库、河南、同德、贵德、大通、湟源、湟中、循化、乐都、民和、互助、刚察、海晏、祁连、门源等均有分布（图3-211）。

图3-211　中国马先蒿

9. 半扭转马先蒿

学名　*Pedicularis semitorta* Maxim.
科　玄参科 Scrophulariaceae
属　马先蒿属 *Pedicularis* Linn.

生境分布　生长于海拔2500～3900米的高山草地中、林下、干旱山坡、温性草原河滩。青海的玉树、久治、玛沁、河南、同德、门源等地均有分布（图3-212）。

10. 碎米蕨叶马先蒿

学名　*Pedicularis cheilanthifolia*
科　玄参科 Scrophulariaceae
属　马先蒿属 *Pedicularis* Linn.

生境分布　生长于海拔2150～4900米的高山灌丛及草甸、河滩及路旁。青海的杂多、囊谦、玉树、班玛、称多、治多、曲麻莱、玛多、久治、玛沁、同仁、泽库、河南、格尔木、德令哈、格拉丹东、可可西里、天峻、共和、兴海、同德、贵德、贵南、西宁、大通、乐都、互助、刚察、祁连、门源等地均有分布（图3-213）。

图3-212 半扭转马先蒿

图3-213 碎米蕨叶马先蒿

11. 阿拉善马先蒿

学名 *Pedicularis alaschanica* Maxim.

科 玄参科 Scrophulariaceae

属 马先蒿属 *Pedicularis* Linn.

生境分布 生长于海拔2300～4850米的河谷多石砾、沙地向阳山坡、草甸化草原、田边、路旁等。青海的杂多、囊谦、玉树、称多、治多、曲麻莱、玛多、玛沁、尖扎、同仁、格尔木、德令哈、都兰、乌兰、天峻、共和、兴海、同德、贵德、贵南、西宁、大通、平安、乐都、民和、互助、刚察、海晏、门源等地均有分布（图3-214）。

图3-214　阿拉善马先蒿

12. 极丽马先蒿

学名　*Pedicularis decorissima* Diels

科　玄参科 Scrophulariaceae

属　马先蒿属 *Pedicularis* Linn.

生境分布　生长于海拔2900～3500米的高山草甸、河谷、阳坡灌丛中。青海的玉树、称多、同仁等地有分布（图3-215）。

图3-215　极丽马先蒿

（三十四）荨麻科（Urticaceae）

荨麻科是双子叶植物纲金缕梅亚纲的一科。草本、亚灌木或灌木，少数乔木或攀缘藤本，有时有刺毛；钟乳体点状、杆状或条形，在叶或有时在茎和花被的表皮细胞内隆起。茎常富含纤维，有时肉质。叶互生或对生，单叶；托叶存在，少数缺失。花极小，单性，少见两性，风媒传粉，花被单层，少见2层；花序雌雄同株或异株，若同株时常为单性，有时两性，少数具两性花而成杂性，由若干小的团伞花序排成聚伞状、圆锥状、总状、伞房状、穗状、串珠式穗状、头状，有时花序轴上端发育成球状、杯状或盘状多少肉质的花序托，少数退化成单花。果实为瘦果，有时为肉质核果状，常包被于宿存的花被内。种子具直生的胚；该科有45属700余种，分布于热带和温带。我国产23属220余种，全国各地均有分布。

1. 高原荨麻

学名　*Urtica hyperborea* Jacq. ex Wedd.

科　荨麻科 Urticaceae

属　荨麻属 *Urtica*

生境分布　生长于海拔3300～5400米的山坡、草滩、岩石缝隙。青海的杂多、治多、曲麻莱、玉树、称多、玛多、久治、玛沁、天峻、兴海、祁连等地均有分布（图3-216）。

图3-216　高原荨麻

2. 羽裂荨麻

学名 *Urtica triangularis* Hand.-Mazz. *subsp. pinnatifida*（Hand.-Mazz.）C. J. Chen

科 荨麻科 Urticaceae

属 荨麻属 *Urtica*

生境分布 生长于海拔2700～4100米山坡草甸、灌丛或石砾上。青海的杂多、西宁、大通、循化、乐都、民和、互助、门源等地有分布（图3-217）。

图3-217　羽裂荨麻

（三十五）罂粟科（Poppy family）

罂粟科植物，双子叶植物纲木兰亚纲的一科。大部分种类是草本，也有少数是灌木或小乔木，整个植株都有导管系统，分泌白色、黄色或红色的汁液。单叶互生或对生，无托叶，常分裂。花两性，虫媒，有少数种是风媒花，单生，有萼片和花冠分离，花多大而鲜艳，无香味。花单生或排列成总状、聚伞、圆锥花序。花瓣4～6片或8～12片，雄蕊分离有16～60个，分为两轮；雌蕊符合，心皮有2～100个合成一室；子房上位，蒴果，成熟后裂开放出种子，种子很小，胚乳油质。该科植物广泛分布在全世界温带和亚热带地区，中国有19属300多种，南北均产，以西南为多。

1. 全缘绿绒蒿

学名 *Meconopsis integrifolia*（Maxim.）Franch.

科 罂粟科 Poppy family

属 绿绒蒿属 *MeconoPsis* Vig.

生境分布 生长于海拔2700～5100米的高山灌丛下或林下、草坡、山坡、草甸。青海的杂多、囊谦、玉树、达日、班玛、久治、玛沁、同仁、河南、同德、大通、循化、乐都、互助、祁连、门源等地均有分布（图3-218）。

图3-218 全缘绿绒蒿

2. 多刺绿绒蒿

学名 *Meconopsis horridula* Hook. f. & Thoms.

科 罂粟科 Poppy family

属 绿绒蒿属 *MeconoPsis* Vig.

生境分布 生长于海拔3700～5400米的山坡石缝中。青海的杂多、治多、曲麻莱、囊谦、玉树、称多、玛多、达日、共和、大通、乐都、祁连、门源等地均有分布（图3-219）。

3. 红花绿绒蒿

学名 *Meconopsis punicea* Maxim.

科 罂粟科 Poppy family

属　　绿绒蒿属 *MeconoPsis* Vig.

生境分布　　生长于海拔2300～4600米的山坡草地。青海的玉树、达日、班玛、久治、玛沁、同仁、泽库、河南、循化等地均有分布（图3-220）。

图3-219　多刺绿绒蒿

图3-220　红花绿绒蒿

4. 总状绿绒蒿

学名　　*Meconopsis racemosa* Maxim.

科　　罂粟科 Poppy family

属　　绿绒蒿属 *MeconoPsis* Vig.

生境分布　　生长于海拔3300～5300米的灌丛下、林下草地、高山倒石堆、山坡草甸、砂砾地上。青海的囊谦、玉树、玛多、久治、玛沁、尖扎、同仁、泽库、河南、兴海、同德、贵南、大通、互助、门源等地均有分布（图3-221）。

图3-221　总状绿绒蒿

5. 五脉绿绒蒿

学名　*Meconopsis quintuplinervia* Reg.

科　罂粟科 Papaveraceae

属　绿绒蒿属 *Meconopsis* Vig.

生境分布　生长于海拔2300～4600米的高山草地、阴坡灌丛中或阴坡高山草甸中。青海的达日、久治、玛沁、尖扎、同仁、河南、共和、兴海、同德、贵南、湟中、循化、乐都、民和、互助、祁连、门源等地均有分布（图3-222）。

图3-222　五脉绿绒蒿

6. 尖突黄堇

学名　*Corydalis mucronifera* Maxim.

科　罂粟科 Papaveraceae

属　紫堇属 *Corydalis* DC.

生境分布　生长于海拔4200～5300米的高山流石滩。青海的格尔木、杂多、囊谦、青海湖、治多、可可西里等地均有分布（图3-223）。

图3-223　尖突黄堇

7. 小花黄堇

学名　*Corydalis racemosa*（Thunb.）Pers.

科　罂粟科 Papaveraceae

属　紫堇属 *Corydalis* DC.

生境分布　生长于海拔4200～5300米的高山砂砾地、山谷涧边潮湿地或流石滩上。青海的久治、玛沁、尖扎、同德、大通、循化、乐都、民和、互助、海晏、门源等地均有分布（图3-224）。

图3-224　小花黄堇

8. 糙果紫堇

学名　*Corydalis trachycarpa* Maxim.

科　罂粟科 Papaveraceae

属　紫堇属 *Corydalis* DC.

生境分布　生长于海拔3200～4500米的高山草地、潮湿草甸、山麓、岩石缝隙、流石坡等。青海的玉树、久治、玛沁、同仁、河南、共和、天峻、湟中、互助、祁连、门源等地均有分布（图3-225）。

图3-225　糙果紫堇

9. 粗糙黄堇

学名　*Corydalis scaberula* Maxim.

科　紫堇科 Fumariaceae

属　紫堇属 *Corydalis* DC.

生境分布　生长于海拔3500～5600米的高山草甸、高山流石坡、砾石带。青海的杂多、治多、曲麻莱、玉树、称多、玛多、久治、玛沁、兴海等地均有分布（图3-226）。

10. 细果角茴香

学名　*Hypecoum leptocarpum* Hook. f. et Thoms.

科　罂粟科 Poppy family

属 角茴香属 *Hypecoum* L.

生境分布 生长于海拔1700～5000米的山坡、草地、山谷、河滩、砾石坡、砂质地。青海的杂多、玉树、玛多、久治、玛沁、同仁、泽库、共和、兴海、贵南、西宁、乐都、民和、互助、祁连、门源等地均有分布（图3-227）。

图3-226 粗糙黄堇

图3-227 细果角茴香

（三十六）鸢尾科（Iridaceae）

鸢尾科是天门冬目单子叶植物纲百合亚纲的一科。多年生或一年生草本。有根状茎，球茎或鳞茎；皆为须根。叶条形，剑形或丝状，叶脉平行，基部鞘状，两侧压扁，嵌叠排列。花单生或为总状花序，穗状花序，聚伞花序或圆锥花序；花两性，色泽鲜艳，辐射对称或两侧对称。花被片6片，两轮排列，基部联合成花被管；雄蕊3枚；花柱1个，上部多分为3枝，圆柱状或扁平成花瓣状，柱头3～6个，子房绝大多数为下位，3室。胚珠多数。蒴果。该科约60属800种，分布于全世界的热带，亚热带及温带地区。中国有4属58种，生境分布于西南，西北及东北各省区。

1. 马蔺

学名　*Iris lactea pall.* var. *chinensis*

科　鸢尾科 Iridaceae

属　鸢尾属 *Iris* L.

生境分布　生长于海拔1900～4500米的荒地、路旁、山坡草地，尤以过度放牧的盐碱化草场上生长较多。青海全省各地均有分布（图3-228）。

图3-228　马蔺

2. 青海鸢尾

学名　*Iris qinghaiensis* Y. T. Zhao

科　鸢尾科 Iridaceae

属　鸢尾属 *Iris* L.

生境分布　生长于海拔3200～4000米的高原山坡及向阳草地。青海的天悛、共和、兴海、贵南、刚察、互助等地均有分布（图3-229）。

图3-229　青海鸢尾

3. 卷鞘鸢尾

学名　*Iris potaninii* Maxim.

科　鸢尾科 Iridaceae

属　鸢尾属 *Iris* L.

生境分布　生长于海拔3200 ～ 5000米的石质山坡或干山坡。青海的杂多、治多、曲麻莱、囊谦、玉树、称多、玛多、达日、班玛、甘德、玛沁、尖扎、同仁、河南、天峻等地均有分布（图3-230）。

图3-230　卷鞘鸢尾

4. 蓝花卷鞘鸢尾

学名　*Iris potaninii* var. *ionantha*

科　鸢尾科 Iridaceae

属　鸢尾属 *Iris* L.

生境分布 生长于海拔3200～4900米的石质山坡、草甸或荒漠。青海的杂多、治多、曲麻莱、囊谦、玉树、称多、玛多、达日、班玛、甘德、久治、玛沁、尖扎、同仁、泽库、海南、天峻、门源等地均有分布（图3-231）。

图3-231 蓝花卷鞘鸢尾

（三十七）紫草科（Boraginaceae）

紫草科属双子叶植物。多为草本，少灌木或乔木。单叶互生。聚伞花序，两性辐射对称，子房2室。核果小坚果。花粉粒常具3孔沟并同时常具3假沟，4孔沟有时同时具4假沟、多沟或多孔沟（聚合草属）。有的花粉粒如齿缘草属每沟具两个内孔，有的花粉粒如鹤虱属，紫草属内孔偏于沟的一端。花粉粒表面有小刺状，细网状或颗粒状雕纹。该科植物约100属2000种，分布于世界的温带和热带地区。中国有48属269种，遍布全国。

1. 西藏微孔草

学名 *Microula tibetica* Benth.

科 紫草科 Boraginaceae

属 微孔草属 *Microula*

生境分布 生长于海拔3800～5300米的湖边沙滩上、山坡流沙中及高原草地。青海的杂多、治多、称多、久治、玛多、泽库、河南、德令哈、天峻、兴海、祁连等地均有分布（图3-232）。

图3-232　西藏微孔草

2. 微孔草

学名　*Microula sikkimensis* Hemsl.

科　紫草科 Boraginaceae

属　微孔草属 *Microula*

生境分布　生长于海拔2000～4500米山坡草地、灌丛下、林边、河边多石草地、田边或田中。青海的玛多、班玛、玛沁、都兰、天峻、大通、湟源、循化、乐都、民和、互助等地均有分布（图3-233）。

图3-233　微孔草

（三十八）紫葳科（Bignoniaceae）

紫葳科是被子植物门，双子叶植物纲，菊亚纲的一科。叶对生，稀互生，单叶或1～3回羽状复叶。花两性，二唇形，总状花序或圆锥花序，子房上位，蒴果常2裂，细长圆柱形或阔椭圆形扁平，种子极多，有膜质翅或丝毛。无胚乳。花粉长球形或扁球形，长约29～76微米、径约29～74微米，具3个孔沟；或具6～9个孔沟（如角蒿属）；或四合花粉，不具萌发孔；外壁表面经常具网状雕纹。紫葳科共有110属大约650种，有乔木、灌木和藤本植物，只有少数是草本，广泛分布在世界各地热带和亚热带地区，在北美和东亚温带地区也有分布。中国有13属60余种，多分布于热带雨林地区。

密花角蒿

　　学名　*Incarvillea compacta* Maxim.
　　科　紫葳科 Bignoniaceae
　　属　角蒿属 *Incarvillea Juss*
　　生境分布　生长于海拔2400～4600米的空旷石砾山坡及草灌丛中。青海的囊谦、玉树、称多、治多、玛多、久治、尖扎、同仁、泽库、河南、格尔木、德令哈、天竣、兴海、同德、贵德、贵南、西宁、大通、湟中、循化、民和、互助、刚察、海晏、祁连、门源等地均有分布（图3-234）。

图3-234　密花角蒿

二、灌丛植物

（一）豆科（Leguminosae）

豆科为双子叶植物纲蔷薇目的一个科，乔木、灌木、亚灌木或草本，直立或攀缘。叶常绿或落叶，互生，少数对生，为1或2回羽状复叶，少叶具叶柄或无；托叶有或无，有时叶状或变为棘刺。花两性，少数单性，辐射或两侧对称，成总状花序、聚伞花序、穗状花序、头状花序或圆锥花序；花被2轮；萼片5枚，分离或连合成管；花瓣5片，近轴1片称旗瓣，侧生的2片称翼瓣，远轴2片常合生，称龙骨瓣；雄蕊10枚，有时5枚或多数，分离或连合成管，单体或二体雄蕊，花药2室，纵裂或孔裂；雌蕊由单心皮所组成，子房上位，1室，基部常有柄或无，沿腹缝线具侧膜胎座，胚珠2至多颗，成互生的2列，为横生、倒生或弯生的胚珠；花柱和柱头单一，顶生。荚果，成熟后沿缝线开裂或不裂。中国有172属，1485种，13亚种，153变种，16变形；全国各地均有分布。

1. 鬼箭锦鸡儿

学名 *Caragana jubata*

科 豆科 Leguminosae sp.

属 锦鸡儿属 *Caragana* Fabr.

生境分布 生长于海拔1800～4700米的山坡或山顶灌丛中。青海的杂多、囊谦、玉树、称多、治多、曲麻莱、玛多、达日、班玛、甘德、久治、玛沁、尖扎、同仁、泽库、河南、共和、兴海、同德、贵德、大通、湟源、湟中、平安、化隆、循化、乐都、民和、互助等地均有分布（图3-235）。

2. 柠条锦鸡儿

学名 *Caragana korshinskii* Kom.

科　豆科 Leguminosae sp.

属　锦鸡儿属 *Caragana* Fabr.

生境分布　生长于半固定和固定沙地。青海的西宁、大通、互助、民和等地有分布（图3-236）。

图3-235　鬼箭锦鸡儿

图3-236　柠条锦鸡儿

3. 短叶锦鸡儿

学名　*Caragana brevifolia* Kom.

科　豆科 Leguminosae sp.

属　锦鸡儿属 *Caragana* Fabr.

生境分布　生长于海拔2000～3000米的沟谷林缘、灌丛。青海的杂多、囊谦、玉树、称多、治多、曲麻莱、玛多、达日、班玛、甘德、玛沁、尖扎、同仁、泽库、河南、共和、兴海、同德、贵德、贵南、湟源、平安、化隆、循化、乐都、平安、互助等地均有分布（图3-237）。

图3-237　短叶锦鸡儿

（二）蔷薇科（Rosaceae）

蔷薇科是双子叶植物纲，草本、灌木或小乔木，有刺或无刺，有时攀缘状；叶互生，常有托叶；花两性，辐射对称，颜色各种；花托多少中空，花被即着生于其周缘；萼片4～5片，有时具副萼；花瓣4～5片或有时缺；雄蕊多数，周位，少数5枚或10枚；子房由1至多个、分离或合生的心皮所成，上位或下位；花柱分离或合生，顶生、侧生或基生；胚珠每室1至多颗；果为核果或聚合果，或为多数的瘦果藏于肉质或干燥的花托内，极少蒴果。我国约有51属1000余种，产于全国各地。

1. 金露梅

学名　*Potentilla fruticose*

科　蔷薇科 Rosaceae

属　委陵菜属 *Potentilla* L.

生境分布　生长于海拔2500～4800米的高山灌丛、高山草甸及山坡、路旁等。青海的治多、称多、班玛、久治、玛沁、同仁、泽库、乌兰、天峻、西宁、大通、湟中、民和、互助等地均有分布（图3-238）。

图3-238 金露梅

2. 小叶金露梅

学名 *Pentaphylloides parvifolia*（Fisch ex Lehm）Sojak

科 蔷薇科 Rosaceae

属 委陵菜属 *Potentilla* L.

生境分布 生长于海拔2230～5000米干燥山坡、岩石缝中、林缘及林中。青海的治多、曲麻莱、囊谦、玉树、称多、玛多、班玛、久治、玛沁、同德、泽库、河南、乌兰、天峻、兴海、共和、贵德、贵南、西宁、大通、湟源、湟中、化隆、循化、乐都、民和、互助、刚察、祁连、门源等地均有分布（图3-239）。

图3-239 小叶金露梅

3. 银露梅

学名 *Potentilla glabra* Lodd.

科　蔷薇科 Rosaceae

属　委陵菜属 *Potentilla* L.

生境分布　生长于海拔1400～4200米山坡草地、河谷岩石缝、灌丛及林中。青海的囊谦、玉树、达日、班玛、久治、尖扎、同仁、泽库、大通、乐都、互助、门源等地均有分布（图3-240）。

图3-240　银露梅

4. 鲜卑花

学名　*Sibiraea laevigata*（Linn.）Maxim.

科　蔷薇科 Rosaceae

属　鲜卑花属 *Sibiraea*

生境分布　主要生长于海拔2000～4000米的高山、溪边或草甸灌丛中。青海的治多、久治、玛沁、尖扎、同仁、泽库、兴海、共和、大通、湟中、乐都、民和、互助、海晏、祁连、门源等地均有分布（图3-241）。

5. 高山绣线菊

学名　*Spiraea alpina* Pall.

科　蔷薇科 Rosaceae

属　绣线菊属 *Spiraea*

生境分布　生长于海拔2900～4600米的阴坡灌丛、高山草甸、河漫滩、河谷阶地、山顶。青海的囊谦、班玛、久治、玛沁、尖扎、同仁、泽库、河南、兴海、共和、大通、化隆、循化、互助、海晏、门源等地均有分布（图3-242）。

图3-241　鲜卑花

图3-242　高山绣线菊

（三）杜鹃花科（Ericaceae）

杜鹃花科为双子叶植物纲的一科，木本植物，常绿，少数落叶，陆生或附生，不具托叶。叶革质，稀纸质，互生，极少假轮生，少数交互对生，全缘或有锯齿，不裂。花单生或成总状、圆锥花序或伞形花序，顶生或腋生，两性，辐射或略两侧对称；具苞片。花萼4～5片，宿存；花瓣合生成钟状、坛状、漏斗状或高脚碟状，少数离生，花冠常5裂，少数4、6、8裂，裂片覆瓦状排列；雄蕊为花冠裂片数的2倍，少数同数或更多，花丝分离，子房上位或下位，5室，或更多，每室有胚珠多数，花柱或柱头单一。蒴果、浆果或核果。种子小，粒状或锯屑状，无翅或具有窄翅，或两端具长尾状附属物。中国有22属，1065种，全国各地均有分布。

1. 百里香杜鹃

学名　*Rhododendron thymifolium* Maxim.

科　杜鹃花科 Ericaceae

属　杜鹃花属 *Rhododendron* L.

生境分布　生长于海拔2800～3800米的阴坡。青海的尖扎、同仁、泽库、贵德、循化、平安、乐都、互助等地均有分布（图3-243）。

图3-243　百里香杜鹃

2. 烈香杜鹃

学名　*Rhododendron anthopogonoides* Maxim.

科　杜鹃花科 Ericaceae

属　杜鹃花属 *Rhododendron* L.

生境分布　生长于海拔2500～4200米林缘或林间间隙地或混交林中。青海的泽库、贵德、河南、湟中、门源、循化、乐都、民和、互助、海晏等地均有分布（图3-244）。

3. 青海杜鹃

学名　*Rhododendron qinghaiense*

科　杜鹃花科 Ericaceae

属　杜鹃花属 *Rhododendron* L.

生境分布　生长于海拔3200～3600米的高山阴坡灌丛中。青海的尖扎、泽库、贵德、湟中、循化、乐都、互助等地均有分布（图3-245）。

图3-244　烈香杜鹃

图3-245　青海杜鹃

（四）杨柳科（Salicaceae）

杨柳科是被子植物门双子叶植物纲杨柳目的一个科。落叶乔木或直立、垫状和匍匐灌木。树皮光滑或开裂粗糙，味苦。单叶互生，少数对生，不分裂或浅裂，全缘；托叶鳞片状或叶状，早落或宿存。芽鳞1个至多数，有顶芽或无顶芽；花单性，雌雄异株，罕有杂性；荑荑花序，直立或下垂，先叶开放，或与叶同时开放，少数叶后开放，花无被，苞片脱落或宿存；基部有杯状花盘或腺体，雄蕊2枚至多枚，花药2室，纵裂，花丝分离或合生；雌蕊由2～4个心皮，子房1室，侧膜胎座，胚珠多数，花柱不明显至很长，柱头2～4裂。蒴果2～4个瓣裂。种子微小，无胚乳。我国产3属，320多种，广布全国，南北均有分布。

高山柳

学名　*Salix cupularis*
科　杨柳科 Salicaceae
属　柳属 *Salix*
生境分布　生长于海拔2540～4000米间的高寒山坡。青海的玉树、称多、玛沁、班玛、久治、天峻、刚察、互助、祁连、门源等地均有分布（图3-246）。

图3-246　高山柳

（五）柽柳科（Tamaricaceae）

柽柳科为双子叶植物纲五桠果亚纲的一科。灌木、半灌木或乔木。叶小，多呈鳞片状，互生，无托叶，通常无叶柄，多具泌盐腺体。花为总状花序或圆锥花序，少数单生，两性，整齐；花萼4～5片深裂，宿存；花瓣4～5片，分离；雄蕊4枚、5枚或多数，常分离，着生在花盘上，少数基部结合成束，花药2室，纵裂；雌蕊1枚，由2～5个心皮构成，子房上位，1室，侧膜胎座；胚珠多数，稀少数。蒴果，圆锥形，室背开裂。种子多数，全面被毛或在顶端具芒柱。中国有4属27种，主要生长在西部和北方荒漠地带。

1. 多花柽柳

学名　*Tamarix hohenackeri* Bunge
科　柽柳科 Salicaceae
属　柳属 *Salix*
生境分布　生长于海拔2700 ~ 2900米的荒漠河岸林中、荒漠河、湖沿岸沙地广阔的冲积淤积平原上的轻度盐渍化土壤上。青海的格尔木、德令哈、都兰等地均有分布（图3-247）。

图3-247　多花柽柳

2. 具鳞水柏枝

学名　*Myricaria squamosa* Desv.
科　柽柳科 Tamaricaceae
属　水柏枝属 *Myricaria*
生境分布　生长于海拔2400 ~ 4600米的生于沟谷、河滩、河谷阶地、河谷石隙、河床、湖边沙地及流水边。青海的玉树、果洛、黄南、海西、西宁、海北、海东等地均有分布（图3-248）。

3. 匍匐水柏枝

学名　*Myricaria prostrata* Hook. f. et Thoms. ex Benth. et Hook. f.

图3-248 具鳞水柏枝

科 柽柳科 Tamaricaceae
属 水柏枝属 *Myricaria*

生境分布 生长于海拔4000～5200米的高山河谷砂砾地、湖边沙地、砾石质山坡及冰川雪线下雪水融化后所形成的水沟边。青海的曲麻莱、玛多、久治、玛沁等地均有分布（图3-249）。

图3-249 匍匐水柏枝

4. 五柱红砂

学名 *Reaumuria kaschgarica* Rupr.
科 柽柳科 Tamaricaceae
属 红砂属 *Reaumuria* Linn.

生境分布 生长于海拔2300～3800米盐土荒漠、草原、石质和砾质山坡、阶地和杂色的砂岩上。青海的德令哈、乌兰、共和、

图3-250　　五柱红砂

西宁等地均有分布（图3-250）。

（六）胡颓子科（Elaeagnaceae）

胡颓子科是被子植物门双子叶植物纲的一科。常绿、落叶直立灌木或攀缘藤本，少数乔木，有刺或无刺，全体被银白色或褐色至锈盾形鳞片或星状绒毛。单叶互生，少数对生或轮生，全缘，羽状叶脉，具柄，无托叶。花两性或单性，少数杂性。单生或数花组成伞形总状花序，整齐，白色或黄褐色，具香气，虫媒花；花萼常连合成筒，顶端4裂，花蕾时镊合状排列；无花瓣；雄蕊着生于萼筒喉部或上部，花丝分离，短或几无，花药内向，2室纵裂，背部着生，通常为丁字药，花粉粒钝三角形或近圆形；子房上位，包被于花萼管内，1个心皮，1室，1个胚珠，花柱单一，直立或弯曲；瘦果或坚果，核果状，红色或黄色；味酸甜或无味，种皮骨质或膜质，具2枚肉质子叶。我国有2属，约60种，遍布全国各地。

1. 中国沙棘

学名　*Hippophae rhamnoides subsp.sinensis*

科　胡颓子科 Elaeagnaceae

属　沙棘属 *Hippophae* L.

生境分布　生长于海拔1800～3800米的高山灌丛、河谷两岸、阶地、河漫滩和山坡。青海各地均有分布（图3-251）。

图3-251　中国沙棘

2. 肋果沙棘

学名　*Hippophae neurocarpa* S. W. Liu et T. N. He
科　胡颓子科 Elaeagnaceae
属　沙棘属 *Hippophae* L.
生境分布　生长于海拔3400～4300米的河谷、阶地、河漫滩。青海的囊谦、河南、祁连、天峻、刚察等地均有分布（图3-252）。

图3-252　肋果沙棘

（七）藜科（Chenopodiaceae）

藜科是被子植物的大科之一。大多为半灌木、灌木，较少为多年生草本或小乔木；茎和枝有时具关节。叶互生或对生，肉质，无托叶。花为单被花，两性，较少为杂性或单性，辐射对称。花单生，簇生或穗状、圆状花序，花萼3～5裂，花丝钻形或条形，离生或基部合生，花药背着，在芽中内曲，2室，外向纵裂或侧面纵裂，顶端钝或药隔突出形成附属物；花盘或有或无；雄蕊常与花被片同数而对生或较少，雌蕊有2～3个心皮合成，子房上位，卵形至球心，1室1胚珠，基生，直立或悬垂于珠柄上；果实为胞果，很少为盖果；胞果常藏于扩大的花萼内或花苞内，通常不开裂，种子扁平。

藜科主要生长在海拔300～2000米的地段，中国有藜科植物38属184种（不包括外来种属），在新疆、甘肃、青海、内蒙古、宁夏等地均有分布。

1. 驼绒藜

学名　*Ceratoides latens*（J. F. Gmel.）Reveal et Holm gren

科　藜科 Chenopodiaceae

属　驼绒藜属 *Ceratoides*

生境分布　生长于海拔2500～4500米干旱山坡、干旱河谷阶地、荒漠平原及河滩。青海的玉树、玛多、玛沁、同仁、泽库、河南、共和、兴海、贵南、西宁、大通、湟源、乐都、民和、刚察、祁连等地均有分布（图3-253）。

图3-253　驼绒藜

2. 垫状驼绒藜

学名　*Ceratoides compacta*

科　藜科 Chenopodiaceae
属　驼绒藜属 *Ceratoides*

生境分布　生长于海拔4100～5000米高寒荒漠山坡、湖滩、荒漠高原。青海的曲麻莱、治多（可可西里）、玛多、格尔木、德令哈、大柴旦、祁连等地均有分布（图3-254）。

图3-254　垫状驼绒藜

3. 盐爪爪

学名　*Kalidium foliatum*（Pall.）Moq.
科　藜科 Chenopodiaceae
属　盐爪爪属 *Kalidium* Moq.

生境分布　生长于洪积扇扇缘地带及盐湖边的潮湿盐土、盐化沙地、砾石荒漠的低湿处或胡杨林下。青海的德令哈、都兰、乌

图3-255　盐爪爪

兰、共和等地均有分布（图3-255）。

4. 合头草

学名　*Sympegma regelii* Bunge
科　藜科 Chenopodiaceae
属　合头草属 *Sympegma* Bunge
生境分布　生长于海拔2900～3600米的山麓以及河谷的砂砾质、沙质与沙壤质灰棕荒漠土上。青海的共和、兴海、西宁等地有分布（图3-256）。

图3-256　合头草

5. 蒿叶猪毛菜

学名　*Salsola abrotanoides* Bunge
科　藜科 Chenopodiaceae
属　猪毛菜属 *Salsola* L.
生境分布　生长于海拔1900～3500米的干旱山坡、山麓洪积扇砾石荒漠及砾石河滩。青海的德令哈、芒崖、大柴旦、都兰、乌兰、共和、兴海等地均有分布（图3-257）。

6. 梭梭

学名　*Haloxylon ammodendron*
科　藜科 Chenopodiaceae

属　梭梭属 *Haloxylon*

生境分布　生长于海拔1500～2600米的轻度盐渍化、地下水位较高的固定和半固定沙地上，在砾质戈壁低地、干河床边、山前冲积扇等处也有生长。青海的都兰、格尔木等地均有分布（图3-258）。

图3-257　蒿叶猪毛菜

图3-258　梭梭

（八）菊科（Asteraceae）

菊科为双子叶植物纲菊亚纲的第一大科。亚灌木、灌木或草本，少数为乔木。叶互生，少数对生或轮生，全缘或具齿或分裂，无托叶；花两性或单性，整齐或左右对称，5基数，密集成头状花序或为短穗状花序，为1层或多层总苞片组成的总苞所围绕；头状花序单生或数个至多数排列成总状、聚伞状、伞房状或圆锥状；花序托平或凸起，具窝孔或无窝孔，无毛或有毛；具托片或无托片；萼片不发育，具鳞片状、刚毛状或毛状的冠毛；花冠辐射对称，管状，或左右对称，两唇形，或舌状，头状花序盘状或辐射状，有同形的小花，全部为管状花或舌状花，或有异形小花，即外围为雌花，舌状，中央为两性的管状花；雄蕊4～5个，着生于花冠管上，花药内向，合生成筒状，基部钝，锐尖，戟形或具尾；子房下位，合生心皮2枚，1室，具1个直立的胚珠；果为不开裂的下位瘦果或连萼瘦果；种子无胚乳，具2个。

沙蒿

学名 *Artemisia desertorum* Spreng. Syst. Veg.

科 菊科 Asteraceae

属 蒿属 *Artemisia* Linn.

生境分布 生长于海拔2400～4000米的干河谷、河岸边、森林草原、路旁等、高山草原、草甸、砾质坡地、林缘。青海的杂多、囊谦、玉树、曲麻莱、玛多、班玛、久治、玛沁、同仁、泽库、河南、香日德、乌兰、共和、兴海、大通、乐都、互助、祁连、门源等地有分布（图3-259）。

图3-259 沙蒿

（九）蒺藜科（Zygophyllaceae）

白刺（红果）

学名　*Nitraria tangutorum* Bobr

科　蒺藜科 Zygophyllaceae

属　白刺属 *Nitraria* L

生境分布　生长于海拔1900～3500米的沙漠边缘、湖盆低地，河流阶地的微盐渍化沙地和堆积风积沙的龟裂土上。青海的同仁、格尔木、大柴旦、都兰、乌兰、共和、兴海、贵德、西宁、民和等地均有分布（图3-260）。

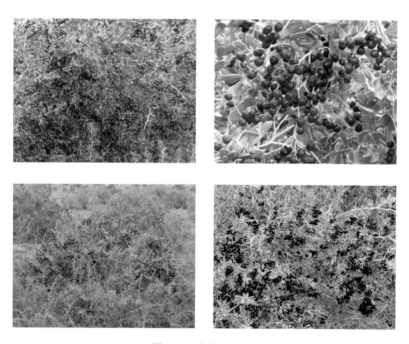

图3-260　白刺（红果）

（十）麻黄科（Ephedraceae）

膜果麻黄

学名 *Ephedra przewalskii* Stapf
科 麻黄科 Ephedraceae
属 麻黄属 *Ephedra* Tourn. ex L.
生境分布 生长于海拔2700～3300米干旱山麓、荒漠、戈壁沙滩。青海的格尔木、大柴旦、都兰、乌兰等地均有分布（图3-261）。

图3-261 膜果麻黄

（十一）小檗科（Berberidaceae）

鲜黄小檗

学名 *Berberis diaphana* Maxim.
科 小檗科 Berberidaceae
属 小檗属 *Berberis* Linn.
生境分布 生长于海拔1620～3600米的灌丛、草甸、林缘、坡地或云杉林中。青海的杂多、久治、尖扎、同仁、泽库、河南、同德、大通、循化、乐都、民和、门源等地有分布（图3-262）。

图3-262　鲜黄小檗

（十二）马鞭草科（Verbenaceae）

蒙古莸

学名　*Caryopteris mongholica* Bunge

科　马鞭草科 Verbenaceae

属　莸属 *Caryopteris* Bunge

生境分布　生长于海拔1000～2400米处的山地和干涸河床等地。青海的柴达木、兴海、循化等地有分布（图3-263）。

图3-263　蒙古莸

常见植物物种索引

参考文献

[1]刘尚武.青海植物志：第4卷.西宁：青海人民出版社，1996.

[2]刘尚武.青海植物志：第3卷.西宁：青海人民出版社，1997.

[3]刘尚武.青海植物志：第2卷.西宁：青海人民出版社，1997.

[4]刘尚武.青海植物志：第1卷.西宁：青海人民出版社，1993.

[5]卢学峰，张胜邦.青海野生植物图谱精选.西宁：青海人民出版社，2010.

[6]卢学峰，张胜邦.青海野生药用植物.西宁：青海人民出版社，2012.

[7]中国科学院西北高原生物研究所.青海植物志：第1卷.西宁：青海人民出版社，1997.

[8]中国科学院西北高原生物研究所.青海植物志：第2卷.西宁：青海人民出版社，1997.

[9]中国科学院西北高原生物研究所.青海植物志：第3卷.西宁：青海人民出版社，1997.

[10]中国科学院西北高原生物研究所.青海植物志：第4卷.西宁：青海人民出版社，1997.

[11]青海木本植物志编委会.青海木本植物志.西宁：青海人民出版社，1987.